JN103833

技術士第一次試験
「基礎科目」
標準テキスト
第4版

福田 遵［著］

日刊工業新聞社

はじめに

技術士第一次試験に基礎科目が創設されたのは平成 13 年度試験ですが、本著の前身である通信教育テキスト（基礎科目編）の制作が始められたのは平成 12 年末でした。最初はどういった問題が出題されるのかを想定しながら、悩みながら著作しました。それにもかかわらず、平成 13 年度試験の設計では、「ビーバーは木を集めてダムを作る習慣がある。この行為は「設計」と見なせる活動を含むかどうか」という問題が出題され、まったく予想外の出題にびっくりさせられたのを今でも覚えています。また、「技術連関」という内容不明の項目があり、出題予想をするのが大変でした。なかには奇問といってもおかしくない問題も出題されており閉口しましたが、その後徐々に問題は精錬されていきました。しかし、「設計」と「技術連関」で同じ品質管理の内容の問題を出題するなど、平成 24 年度試験までは全体としては統一性のない出題が続いていたのも事実です。それが、平成 25 年度試験からは、①設計・計画、②情報・論理、③解析、④材料・化学・バイオ、⑤環境・エネルギー・技術の問題群に改変されて、内容の面でも改善される方向にあります。また、平成13年度試験で基礎科目の成績が悪かったために、専門科目と基礎科目の合計点が 50 点以上であれば合格という暫定的な救済措置が取られていましたが、それも平成 25 年度試験からなくなり、純粋に技術士試験の基本原則である科目合格制に復帰しています。

出題問題数の点では、基礎科目の不合格者数を減らそうと、問題群によって 4～8 問の出題で毎年変更されていましたが、それが平成 25 年度試験からは、すべての問題群で 6 問の出題になっています。また、過去問題を再び出題することが通例となってきたようで、出題される内容が絞られてきています。その結果、これまで技術士第一次試験で最大の鬼門になっていた基礎科目の合格率は改善する方向にあります。一方、解答問題数は、平成 13 年度試験から変わることなく、すべての受験者が 5 つの問題群からそれぞれ 3 問を選択し解答する形式を堅持しています。そのため、基礎科目で合格点を取るためには、ある程度全般的に勉強をする必要がありますが、基礎科目で出題される内容は広い範囲に及んでいるため、勉強するには多くの書籍を読むしかありませんでした。しかし、通信教育講座の閉講によって、本著は平成23年に一般書として出版できるようになり、基礎科目で出題される内容を1冊で勉強できる唯一のテキストとして多くの受験者に利用されるようになりました。その後、平成25年度からの試験制度改正で改訂版を出版したのに続き、この度、第4版を出版することになりました。基礎科目で出題される内容は、少しずつ変化していますので、今回も新たに出題されるようになった内容を加えた改訂を行っています。

基礎科目では、多くの過去問題解答例集が出題されておりますが、純粋にテキストとして出版されている書籍は他にはありません。どの試験でも同様ですが、試験勉強はテキストと問題集の組合せで行うのが基本です。そういった点で、本著が受験者にとって大きな力となることを確信しております。基礎科目では最も長い歴史と多くの実績を持つ本著を活用して、技術士第一次試験で最難関の試験科目を突破してもらいたいと思います。多少ボリュームは多いのですが、この本1冊をしっかり勉強してもらえれば、必ずや基礎科目の合格ラインを突破できると思います。なお、基礎科目では、「設計・計画」で出題されている問題が、内容的な分類では「情報・論理」や「解析」に入るべき内容であったり、「環境・エネルギー・技術」で出題されている問題が、内容的な分類では「材料・化学・バイオ」に入るべき内容であったりしています。本著では、テキストという性質上、内容的に本来扱うべき章に集約してそれらを説明しており、重複を避けていますので、章立てにこだわらずに内容を基礎科目の試験全体に関するものとして勉強してもらえればと考えます。

最後に、本著の初版以来、出版に際して多大なご助力をいただいている、日刊工業新聞社出版局の鈴木徹氏に深く感謝いたします。

2020年2月

福田　遵

目　次

第２章　設計・計画に関するもの　*15*

第３章　情報・論理に関するもの　*65*

第４章　解析に関するもの　105

第5章　材料・化学・バイオに関するもの　157

第6章　環境・エネルギー・技術に関するもの　199

第 1 章

技術士第一次試験と基礎科目

技術士第一次試験の合格は、JABEE の認定コースを卒業していない受験者が、技術士第二次試験を受験するために必要な受験資格になります。技術士第一次試験の合格者は技術士補となることができますが、技術士補は技術士を補助するための資格であり、登録の際に補助する技術士を定め、その人を補助する場合にのみ技術士補としての資格で業務が行えるという仕組みになっています。そのため、あくまでも技術士になるための修習期間中の資格であり、技術士補の資格自体は個人の最終目標とはなりえませんので、基本的には技術士第一次試験は、技術士第二次試験の受験資格と考えた方がよいでしょう。

1. 技術士第一次試験の試験科目

技術士第一次試験は、基礎科目（Ⅰ）、適性科目（Ⅱ）、専門科目（Ⅲ）の3つの科目で合否が判定されます。令和元年度の試験からは、一部の技術部門の専門科目（Ⅲ）に試験免除の制度ができましたが、基礎科目はすべての受験者が受験しなければならない試験科目になります。技術士試験は科目合格制ですので、基礎科目で失敗すると、技術士第一次試験の不合格が確定します。技術士第一次試験は、**図表 1.1.1** に示す試験科目で合否が判定されます。

現在の試験では、専門科目については、各技術部門の基礎的な分野に出題を重点化するとされています。また、基礎科目については、科学技術全般にわたる基礎知識を5つの問題群で出題するとなっています。基礎科目の各問題群で

図表 1.1.1　技術士第一次試験科目

試験科目	問題の内容と種類	出題数	解答数	試験時間	合格基準
基礎科目	科学技術全般にわたる基礎知識を問う問題 1. 設計・計画に関するもの 2. 情報・論理に関するもの 3. 解析に関するもの 4. 材料・化学・バイオに関するもの 5. 環境・エネルギー・技術に関するもの	各問題群 6 問 ×5 群	各問題群 3 問 ×5 群	1 時間	50 %
適性科目	技術士法第四章（技術士等の義務）の規定の遵守に関する適性を問う問題	15 問	15 問	1 時間	50 %
専門科目	当該技術部門に係る基礎知識及び専門知識を問う問題	35 問	25 問	2 時間	50 %

図表 1.1.2　基礎科目の出題内容

群	問題群の名称	出題内容
1	設計・計画に関するもの	設計理論、システム設計、品質管理等
2	情報・論理に関するもの	アルゴリズム、情報ネットワーク等
3	解析に関するもの	力学、電磁気学等
4	材料・化学・バイオに関するもの	材料特性、バイオテクノロジー等
5	環境・エネルギー・技術に関するもの	環境、エネルギー、技術史等

出題される内容については、**図表 1.1.2** に示すとおりです。

基礎科目は、技術士となるのに必要な科学技術全般にわたる基礎的学識を確認するための試験科目です。出題問題数については、過去には問題群別に違っていた時期もありましたが、現在では各問題群で 6 問出題するようになっています。しかし、科学技術全般からの出題という試験内容の条件から、受験者にとって普段はあまり経験しない内容の問題に直面するのは間違いありませんので、その点を十分認識して、勉強を進めてもらいたいと思います。個々の問題群の内容を勉強する前に、本章では基礎科目の出題形式や出題内容および取り組み方について説明を行います。

2. 基礎科目の出題内容と出題形式

基礎科目は、「科学技術全般にわたる基礎知識」を確認する試験とされています。また、その内容については、「4年制大学の自然科学系学部の専門教育課程修了程度」とされており、次の５つの項目にわけて問題が出題されます。

(1) 設計・計画に関するもの（Ⅰ－1）

「設計・計画」で出題されている主な内容は、「設計理論」、「システム設計」、「設計条件」、「品質管理」の４項目です。なお、この問題群では、計算問題が多く出題されている点が特徴となっています。

(2) 情報・論理に関するもの（Ⅰ－2）

「情報・論理」で出題されている主な内容は、受験申込み案内で示されている、「アルゴリズム」、「情報ネットワーク」に加えて、進数変換や集合などの「情報の基礎」があります。なお、情報ネットワークとしては、インターネットが１つの柱となっています。

(3) 解析に関するもの（Ⅰ－3）

「解析」で出題されている主な内容は、受験申込み案内では、「力学」、「電磁気学等」を出題すると公表されていますが、実際には、「計算力学」、「力学」、「電磁気学・熱力学」の内容が柱となっており、計算問題や計算式を使った問題が多く出題されています。また、解析の基礎である「数学の基礎知識」についてもこの問題群で出題されています。

（4） 材料・化学・バイオに関するもの（I－4）

「材料・化学・バイオ」で出題されている主な内容は、「材料」、「化学」「バイオテクノロジー」の3項目です。材料については金属材料や高分子材料、ガラス、木材までの広い範囲が扱われています。また、化学関係の内容としてさまざまなポイントから基礎的な内容が出題されています。バイオテクノロジーについては、遺伝子やたんぱく質の問題が中心になっています。

（5） 環境・エネルギー・技術に関するもの（I－5）

「環境・エネルギー・技術」で出題されている主な内容は、「環境」、「エネルギー」、「技術と社会」の3項目です。技術者倫理は、本来は、適性科目で出題される内容ですが、平成25年度試験以降はこの問題群でも出題されています。

なお、基礎科目の問題は五肢択一式となっており、それぞれの問題群で6問出題された中から3問を試験時間中に任意に選択して、解答する形式になっています。なお、過去には問題群別の出題数が4～8問とばらついていましたが、平成25年度試験からは6問の出題数で統一されています。

3. 合格基準

技術士試験では、第一次試験、第二次試験を問わず、総合点で合否判定を行うのではなく、科目合格制をとっています。技術士第一次試験の科目合格基準は50％ですので、基礎科目でもそこを目標にして勉強しなければなりません。ですから、基礎科目で50％を超える点となる8問を確実に取るための勉強を行ってください。これまでの技術士第一次試験では、不合格となった人の多くがこの基礎科目で失敗しています。もちろん、仕事でも接点がある専門科目と違って、基礎科目はかつて教わった内容ではありますが、改めて勉強をしていなければ合格点が取れない科目になります。しかし、科目の名称のとおり基礎的な内容が出題されていますので、ある程度勉強しさえすれば合格点が取れる内容の試験科目であるのも事実です。科目合格制の試験では、１つの科目で合格点を大幅に超える点数を得たとしても、その分を他の科目と合算して評価されるわけではありませんので、合格基準である８問の正答が得られるだけの努力をしてください。

それぞれの問題群の内容を勉強する前に、これまで各問題群で出題された内容を整理してみます。

4. 基礎科目の出題傾向分析

ここで、過去に基礎科目で出題された問題の内容を大まかに分析してみます。基礎科目では、問題が５つの問題群に分けて出題されていますので、それぞれの問題群に分けて説明を行います。

（1）　設計・計画に関するもの（Ⅰ−1）

「設計・計画」では、これまで２問程度が計算問題の形式で出題されています。主に、信頼性や経済性の観点から計算問題が出題されており、設計の概念や設計条件の点で正誤を判断する問題が出題されています。最近では穴埋め問題も多く出題される傾向にあります。基礎科目創設当時から、他の問題群と比較して点が取りやすい問題群となっていますので、この問題群で確実に点を稼ぐようにしてください。

（2）　情報・論理に関するもの（Ⅰ−2）

「情報・論理」では、情報と論理に関する基礎的な内容が出題されています。この問題群で出題される内容は、専門科目の違いに関係なく、技術者が共通して学ばなければならない内容が出題されていますので、ある程度は勉強をして点数を稼いでもらいたいと思います。また、実際に少ない勉強量でも点数を稼げる問題群といえると思います。情報処理技術者試験を受けた経験がある受験者にとっては、特に勉強することなく対応できる問題も多く出題されています。そういった人は、この問題群で最大の3問の正答を得ておくと、基礎科目の合格が確実になるでしょう。

（3） 解析に関するもの（Ⅰ－3）

「解析」は、扱っている内容から考えても、計算問題の出題が多い問題群になります。なかには微分や積分の問題も含まれていますので、そういった内容に苦手意識を持っている受験者には点数が取り難い問題群となります。特に、計算力学の問題については、全体的にあまり成績が良くないようですので、計算力学に関しては、ある程度の時間をかけて勉強をする必要があります。また、社会人となってからは接することが少なくなっている、数学と物理学の内容がこの問題群で出題されていますので、大学の教養課程時代の勉強を思いだして、復習をしてもらう必要があります。そういった点で、大学に在学中や卒業間もない受験者にとっては比較的取り組みやすい問題群といえます。

（4） 材料・化学・バイオに関するもの（Ⅰ－4）

「材料・化学・バイオ」では、大きく異なる3つの項目の問題が2問ずつ均等に出題されていますので、多くの得点を確実に取れるようにするのは難しい問題群と考えておく必要があります。その中でも、バイオの問題は、生物工学部門の受験者を除いて、技術士試験を受験する技術者があまり得意とする項目ではありませんので、そこをどうするかは試験対策を考える上で重要になると思います。解答する問題数は3問ですので、バイオの問題をすべて捨てたとしても4問の問題から選択できます。そのため、バイオを除いた項目に集中して勉強するという方法も選択肢の1つとなるでしょう。少なくとも、化学の問題は学生時代の復習レベルの勉強で対応できる内容になっていますし、材料の問題も業務で接している内容を出題している場合もあります。過去には、1つの問題で複数の材料、具体的には金属、無機、天然素材など、異なる素材の特徴などが記述された選択肢の正誤を判定する問題が出題されていましたので、難解な問題となっていました。それが、最近ではなくなっていますので、勉強する内容を吟味して対応すれば、最少の勉強時間で対応できるレベルまで知識を増やすことができると思います。

（５）　環境・エネルギー・技術に関するもの（Ⅰ－5）

「環境・エネルギー・技術」で出題される問題のうち、環境やエネルギーについては、最近では社会的に注目されている事項ですので、技術者としては、勉強すべき内容といえます。一方、技術と社会については、最近学会等の技術者団体で技術の歴史が注目されているため、出題すべき事項とは考えますが、なかなか勉強するのは難しい項目といえます。ただし、出題されている範囲が限定されていますので、本著に示された内容のみを勉強しておいて、それで解答できる内容が出題されていれば、選択して解答するという程度に考えておくとよいでしょう。なお、環境やエネルギーについては、最近発表された統計数値で正しいものを見つけ出すような問題が出題されていますので、環境や省エネルギーの事項に関しては、最新の情報に関心をもっておく必要があります。

5.　基礎科目の攻略法

基礎科目は、５つの問題群のそれぞれが広い範囲を扱っているため、全体的には勉強が絞り込めない試験科目といえます。それに対して、漠然と勉強を始めたのでは効果は期待できません。そのため、基礎科目を攻略する考え方について説明を行います。

（１）　基礎科目の攻略について

基礎科目は、創設以来、技術士第一次試験では専門科目以上に合格点が取り難い科目であったのは事実です。その理由は、５つの問題群で扱っている内容があまりにも広範囲であるために、どこから手をつけてよいかわからないという実情があるからです。また、出題される内容が「科学技術全般にわたる基礎知識」となっていますので、出題される内容が限定されていないのも事実です。そういった事情から、基礎科目の勉強に手をつけられないままに無為に時間を過ごしてしまい、十分な勉強をしないで本番の試験を迎えてしまう受験者が多いのが実態ではないかと考えられます。

また、純粋に基礎科目を対象としたテキストは本著以外には市販されていませんので、本著の出版以前には、勉強したくとも教材さえないという現実がありました。そういった点で、本著を十分に活用して、ぜひ基礎科目の合格を勝ち取ってもらいたいと思います。

これから、5つの問題群の勉強を始めますが、基礎科目を攻略するためには、戦略と戦術が最初に理解されていなければなりません。

（2） 基本戦略－3つの得意問題群を作る

基礎科目で目指す合格点は、解答する15問の50％超にあたる8問になります。問題の選択は5つの問題群でそれぞれ3問になりますが、5つの問題群はどれも簡単と言い切れるレベルのものではありませんので、1つの問題群で絶対に3問の正答を得るという戦略は考えられません。逆に、試験科目の名称に「基礎」という単語が入っているように、基礎的な問題が各問題群に含まれていますので、それぞれの問題群で1問の正答を得る勉強はそんなに大変ではありません。すべての問題群で1問の正答を得る努力は、この本著を読みきってしまうという程度の勉強で可能となります。したがって、基礎科目が合格となる8問の正答を得るためには、5つの問題群すべてで1問を正答にし、さらに3つの問題群でもう1問の正答が得られる実力を身につける必要があります。ですから、3つの問題群では選択した3問のうちの半分以上である2問の正答を得られるレベルまで勉強をする必要があるという点を、最初に強く認識しなければなりません。したがって、「3つの得意問題群を作る！」ためにどうすればよいかを自分で考えることから、基礎科目の勉強は始まります。

（3） 3つの戦術

基礎科目を攻略するには戦術も必要です。具体的な戦術には下記の3つがあります。

(a)　戦術１：３つ目の問題群選定

過去問題を見てもらうとわかりますが、５つの問題群の中で「設計・計画」と「情報・論理」は、どの受験者にとっても比較的やさしい問題が出題されています。やさしいという意味は、勉強しなくてもできるという意味ではなく、少し勉強すれば２問の正答を得ることができるレベルの問題が出題されているという意味です。したがって、勉強法としては本著の内容を一度すべて読みきって理解し、すべての問題群で１問の正答を得られるだけの実力を身につけたら、次に、第２章の「設計・計画」と第３章の「情報・論理」について再度力を入れて本著を勉強し、知識を深めていく段階に入ってください。それに加えて過去問題を徹底的に練習していくと、この２つの問題群については間違いなく、本試験前に２問の正答を得られる実力がつきます。そこで問題なのは、それに続く３つ目の問題群をどこにするかです。業務で構造解析などの解析業務を行っている受験者は、当然、計算力学が中心になっている「解析」になるでしょう。また、最終的に総合技術監理部門の技術士になろうと考えている受験者は、総合技術監理で５つの管理項目の１つとされている「社会環境管理」の内容に近い、「環境・エネルギー・技術」を選ぶべきです。出題内容の範囲から見て選択し難いのが、「材料、化学、バイオ」になると思います。もちろん、化学部門の受験者や生物工学部門の受験者は「材料、化学、バイオ」を得意問題群とすることになりますが、それ以外の技術部門の受験者には難しいでしょう。３つ目の問題群の選択は、受験者のこれまでの経験と興味分野で違ってきますので、「設計・計画」と「情報・論理」の勉強を進めている間に、自分に合った３つ目の問題群を見つけてください。

(b)　戦術２：計算問題への対処

基礎科目では、計算問題が比較的多く出題されます。基礎科目の計算問題については、時間をかければ正答を選択できるレベルの問題で、決して難しくて歯が立たないものではありません。そのため、計算問題を選択する受験者が多いのですが、問題は、計算問題を多く選択したときには、時間的に厳しい状況におかれるという現実です。ですから、全体の試験時間を考えて、選択する計算問題の数や解答する順番を決めないと、時間に追われて他の問題に対処する時間が足りなくなり、精神的な焦りが生じてしまいます。試験時間中に気持ちで焦りが出ると、計算問題以外の問題で失敗する可能性が高くなります。そういった事態を避けるために、計算問題にかかる時間について過去問題を練習するときに研究しておき、本試験で選択する計算問題数の限界を知っておく必要があります。また、本試験では、計算問題を後回しにして、計算以外の問題を先に済ますといった戦術が必要になります。なお、基礎科目全体で出題される問題は、現在の試験では30問となっています。すべての出題問題を最低1度は読みますので、すべての問題を読むためには相応の時間がかかります。そういった点も考慮して時間配分を考える必要があります。

(c)　戦術3：問題文を先にすべて読む

基礎科目は15問の問題を選択して解答する試験科目ですが、出題される問題数は選択する問題の2倍にあたる30問です。問題を選択するには、一度問題を読んで選択するかどうかを判断しなければなりません。実際の試験においては、試験の最初に全ての問題に目を通すことをお勧めします。30問の問題を読むためには1問約30秒として、合計で15分程度かかります。どんなに早く読める受験者でも問題文を読んで内容を理解するレベルまでになるには、最低でも10分はかかります。そのときに、周りの受験者が問題を解き始めていると焦ってしまいます。しかし、自分に適した問題を早期に選択して、できるものから手をつけていった方が良い結果をもたらしますので、周りの受験者に惑わされることなく、集中して問題を選択する姿勢が大切です。最初の15分を問題選択に使っても、事前にある程度の勉強ができていれば8問の正答は得られますので、安心して10～15分を使うという事前の心構えが大切です。

なお、問題文を読む場合には、できると考える問題に○、絶対無理と考える問題に×をつけ、さらなる検討が必要なものに△をつけていくようにしてください。これは、年度別に過去問題の練習をする際にもやってみるとよいでしょう。当然、解答する際には、○印の問題を済ませて△印の問題に進むことになります。

（4）　問題群にまたがる出題

先に示したとおり、基礎科目を攻略するためには、基本戦略といくつかの戦術をしっかりと理解していなければなりません。この点を頭に入れて、次章から勉強を進めてください。なお、本著を勉強する際に注意してもらいたい点として、基礎科目の出題は５つの問題群にわけられていますが、内容が他の問題群にまたがっているものが多くある点です。環境問題に関する事項は「環境・エネルギー・技術」の内容ですが、環境に影響を及ぼす物質の内容については「材料・化学・バイオ」で出題される可能性がありますし、材料の強度については「解析」で、それが設計にからむ場合には、「設計・計画」の中で問題が出題される可能性もあります。

このように、本著の中では問題群にわけて説明されている内容が、実際の試験では他の問題群の問題として出題される可能性がある点を理解し、基礎科目の内容は全般的な広がりをもっているという点を常に意識して勉強を進めてもらいたいと思います。

なお、本著は無理に暗記を強要する方式ではなく、受験者が毎日無理なく学習をしていけるように構成されています。したがって、毎日計画的に本著に目を通して、繰り返し読む方法で、基礎科目の知識を無理なく吸収していくようにしてください。基礎科目は扱う範囲が広いために、専門科目以上に勉強が難しい科目ですので、短時間に勉強するというのはなかなか難しいという点を理解して、得意な問題群から１つずつ攻略していってください。

6. 試験に対する注意事項

現在の技術士試験では、失格に対する基準が厳しくなっています。そういった事項で、基礎科目に関するものを下記に示しますので、本試験当日は十分な注意をして、失格とならないようにしてください。特に基礎科目の場合には、他の試験科目と違って問題が5つの問題群にわかれて出題されており、1つの問題群で規定された3問を超えて4問マークしてしまうというような手違いが発生する可能性があります。まさか自分はと思う読者も多いと思いますが、解答する問題を変える場合などに、前にマークした解答が完全に消えていないと、4問解答したという判断を下されたり、選択した選択肢の番号を変えた場合にも2つにマークしたと判断されたりして失格になります。そういった点で、基礎科目は他の試験科目よりも失格に対して一層の注意を払う必要があります。実際に技術士第一次試験で失格となる受験者の数は少なくありません。どの試験科目で失格となったかは公表されていませんが、著者は基礎科目で失格となっている受験者数は多いと考えています。基礎科目が失格になると、技術士試験が科目合格制の試験ですので、その年の技術士第一次試験の不合格が確定してしまいます。その点を十分に認識して試験に臨む必要があります。

なお、これまでの試験で公表されていた注意事項を次に示しますので、参考にしてください。なお、試験当日には、詳細の注意事項確認時間が設けられていますので、その内容を漏らすことなく確認してください。

〈注意事項〉

① 不正の手段を用いて受験した場合は、即刻退出を命じられます。さらに、技術士法の規定により、その後2年間の受験が禁止されます。

② 使用が認められている電卓は、四則演算、平方根、百分率、数値メモリのみを有するもので、それ以外の使用は一切禁止されています。

③ 試験室で係員の指示に従わない場合には、「失格」となる場合があります。

④ 注意事項を守らなかった場合、および受験番号欄を正しく記入・マークしていない場合には、失格となります。

⑤ 5つの問題群で6問出題された中からそれぞれ3問を選択して解答しますが、いずれかの問題群において4問以上解答した場合は、失格となります。

基礎科目は、技術士第一次試験では最大の鬼門となる試験科目である点を十分認識して、次章以降の内容を勉強していってもらいたいと思います。

第 2 章

設計・計画に関するもの

「設計・計画」という行為は、技術者にとって欠かせない業務活動であり、すべての始まりとなる事項といえます。ここで、どのようなものをどのような方法で作るかが決まりますので、技術者にとってその基本知識の学習はきわめて重要といえます。しかし、「設計・計画」を体系的に整理した資料は残念ながらありませんので、過去に出題された問題を整理すると、①設計理論、②システム設計、③設計条件、④品質管理に分類されると考えます。なお、システム設計における、経済性計算や信頼性計算は、定型的な手法を知っていれば簡単にできる問題が出題されていますので、ここでしっかり点数を取ってもらいたいと思います。

1. 設計理論

設計という言葉は非常に広く用いられていますが、その定義を特に意識して業務を行っている人は決して多くはないと思います。そこで、一般に設計とはどのようなことを意味するのかを、ここで改めて確認してみたいと思います。いくつかの辞典で、「設計」という言葉を解説していますが、それらを要約すると、設計とは、以下の6点を実施する一連の作業であると定義できます。

＜設計とは＞

①　目的を具体化する作業である。

② その対象目的物は機械、器具、装置、構造物などである。
③ 検討対象（物・事項）は、材料、構造、規模、形態、配置、性能、費用、敷地などである。
④ 検討対象機能・項目は、形、大きさ、強さ、重さ、スピード、デザイン、安全性、操作性、保守性、実現方法、手順、組織などである。
⑤ それぞれの項目で決定を行い、決定された事項を図面や仕様書などの資料に表現して伝える作業を伴う。
⑥ 最終的に最も理想的な結果が得られること。

また、計画とは、以下の３点を実施する一連の作業であると定義できます。

＜計画とは＞
① 物事を行う方法を決定する作業である。
② 物事を行う手順を決定する作業である。
③ 決定された内容を図面や書類の形で明確にする。

（１） 設計・計画の目的

設計や計画の第一歩は、対象物の目的を明確にする作業です。目的とはいっても、対象物がたとえば自動車である場合には、自家用車であるのか業務用車両であるのかは大きな違いとなります。また対象物が自家用車であるとしても、それが高級車であるのか大衆車であるのかによって、詳細な設計には違いが生じます。さらに、対象顧客によって乗員数や希望販売価格など細かな条件も変化します。それらすべてを明確にし、意思決定を行っていく作業が設計・計画の神髄ということができるでしょう。このため、設計・計画の目的物を確認する作業が設計の最初の段階で行われます。

設計を行うためには、最初に条件や機能の確認が行われなければなりません。条件には、設計に課せられた絶対的な条件と、依頼者の希望などの任意的な条件がありますが、その２つを設計者は別のものとして考えなければなりません。絶対的な条件としては、法的な規制などがあります。建築物を設計する際には、用途地域や建ぺい率、容積率などの制限があります。もちろん、地域的な気候や風土によっても条件は変わってきます。豪雪地帯の建築物では外壁や窓の断熱構造は温暖な地域とは大きく違ってきますし、屋根勾配の条件も変化します。

また、重要な点としては、目的物や設計解の最終形は初期には決まらないのが通常で、設計が進むにつれて、目的物と設計解は変化していくものであるという点は理解しておかなければなりません。設計においては、立場の違う人々や専門の違う技術者、多くのステークホルダー（広い意味での利害関係者）間のコミュニケーションを円滑に進めながら、メンバーすべてに同一の認識を持ってもらう方法である図面や仕様書にまとめあげるまでの作業を行います。しかも、設計や計画をまとめていく経緯の透明性が、設計や計画の業務においては重要となります。そして、最終的に求められているのは、「最終的に最も理想的な結果が得られること」である点を忘れてはなりません。

（２）　設計・計画の方法

設計においては、人・物・金を適切に回して、どのように効率良く業務を進めていくかが重要なポイントとなります。しかも、設計の条件は段階的に明らかになっていきますので、その時点でわかる限りの情報に加えて、今後の動向をにらみながら計画の方向性を検討する発想法も、設計の成否を決める重要な要素になります。さらに、業務に参加する専門家や関係者が多いのも特徴となりますので、それらを調整する工程管理も重要な技術となります。

(a)　エンジニアリングデザイン

学士レベルの技術者教育プログラムの適格性を認定審査するシステムで、同等を相互認定するワシントン協定では、**エンジニアリングデザイン**を次のように示しています。

> **【エンジニアリングデザイン】**
> **エンジニアリングデザインとは、数学、基礎科学、エンジニアリング・サイエンスおよび人文社会科学等の学習成果を集約し、経済的、環境的、社会的、倫理的、健康と安全、製造可能性、持続可能性などの現実的な条件の範囲内で、ニーズに合ったシステム、エレメント、方法を開発する創造的で、たびたび反復的で、オープンエンドなプロセスである。**

そのため、複数の知識を応用して、多面的な視点で複数のアイデアが提案できる創造性を持つとともに、コストを含めて多くの制約条件を考察するだけでなく、実行した際に自然や社会に及ぼす影響を考察できる力が必要となります。具体的には、複雑な関連を持つ制約条件を分析して、解決すべき課題を見出し、それを解決するための提案を想像し、その具体的な遂行手段を生み出す力が求められます。なお、段階としては、設計前の構想から、設計、試作、評価、製品化、生産までのすべての段階を含むものであると示しています。

巨大で複雑な課題に対しては、対象を分割して、できるだけ独立性のある課題にわけて考察することが必要となります。また、相反する条件が含まれているため、トレードオフという考え方も取り入れ、広く受け入れられる設計解を導くことが望まれます。

(b)　システムの機能設計

システムの目的を達成するために、構成する要素が担っている機能から検討する方法として品質機能展開があります。**品質機能展開**は、要求品質と品質要素の２つの展開表の対応関係をマトリックス形式で表現した品質表を用いて実施します。要求品質とは、要求項目に修飾語を加えた表現をしたもので、品質要素は品質を検証する尺度となる要素です。また、対応関係は、「◎：強い対応関係がある」、「○：対応関係がある」、「△：対応関係が予想される」の記号で表します。具体的な例題で説明すると、次のようになります。

【例題】 下記の品質表は、ライターの要求品質と品質要素との対応関係の強さを表したものである。表中の（◎○△）は、対応関係の強さを示し、数量化してそれぞれ5、3、1とする。要求品質重要度と対応関係の強さから、Ⓐ～Ⓔの品質要求重要度を計算せよ。

表　ライターの品質表

品質要素展開表 ＼ 要求品質展開表		品質要素					要求品質重要度
		A	B	C	D	E	
		形状寸法	重量	耐久性	着火性	操作性	
要求品質	確実に着火する			○	◎	○	5
	使いやすい	◎	◎			○	5
	安心して携帯できる	○	△	◎	○		4
	長い間使用できる			◎	○	○	3
	良いデザインである	○	○				4
	愛着が持てる			△		△	3
品質要素重要度		Ⓐ	Ⓑ	Ⓒ	Ⓓ	Ⓔ	

【解説】 Ⓐ～Ⓔの品質要素重要度を、要求品質重要度と対応関係を使って計算すると、次のようになります。

Ⓐ＝5×◎＋4×○＋4×○＝5×5＋4×3＋4×3＝25＋12＋12＝49

Ⓑ＝5×◎＋4×△＋4×○＝5×5＋4×1＋4×3＝25＋4＋12＝41

Ⓒ＝5×○＋4×◎＋3×◎＋3×△＝5×3＋4×5＋3×5＋3×1
＝15＋20＋15＋3＝53

Ⓓ＝5×◎＋4×○＋3×○＝5×5＋4×3＋3×3＝25＋12＋9＝46

Ⓔ＝5×○＋5×○＋3×○＋3×△＝5×3＋5×3＋3×3＋3×1＝15＋15＋9＋3
＝42

(c)　図面

設計解は、仕様書や図面としてまとめられますが、図面については、その内容を誰もが同様に理解しなければなりませんので、いくつかの規則がJISで規定されています。まず、JIS Z8310「製図総則」の「図面の具備すべき要件」で、図面では表題欄を設けることが示されており、JIS Z8316「製図－図形の表し方の原則」では、第一角法と第三角法を用いることができるとされています。また、JIS Z8114「製図－製図用語」では、製作図を「製造に必要なすべての情報を示す図面」と定義していますので、部品欄や図面明細表などの記入も求められます。

寸法については、JIS Z8317－1「製図－寸法及び公差の記入方法」で、「すべての寸法情報は、必要で十分なものでなければならない。」とされており、寸法を作業現場でいちいち計算するのは手間がかかるだけでなく、ミスを生じさせる要因ともなるため、作業現場で計算しなくても寸法が求められるようにするべきとされています。また、**公差**については、幾何公差と寸法公差があります。**幾何公差**は、幾何学的に正確な形状、姿勢あるいは位置からずれることが許される領域をいい、JIS B0021で幾何公差について定められています。**寸法公差**については、JIS B0401で、**はめあい公差**が示されており、はめあい方式には、穴基準と軸基準がありますが、通常は穴基準で選定して、軸のはめあいを調整します。

（3） 設計・計画における条件

設計や計画の際には、多くの条件が与えられますが、それらの条件はまさに多彩ですので、条件を早期に明確にしておく作業は、設計や計画の成功を勝ち取るためには不可欠です。

設計を行う際に大きな障害となる条件として、経済条件と期間条件があります。設計において、依頼者が本当に満足する目的物を達成しようとすると、費用（コスト）が膨らむ場合が少なくありません。また、コストが膨らむことは依頼者の不満を膨らませる原因となるため、「経済的に目的物を実現する」というのが設計者に求められた責務といえます。そのためには、コストに影響を及ぼす条件については早期に確認を行い、対応策を考えなければなりませんので、経済性を計算するための手法が多く考えられています。また、複雑な業務やシステムを検討するために、多くのシミュレーション手法も発達していますし、経済的な統計手法も用いられます。そのため、技術者、特に技術士には、専門職業人として経済性に関する認識が強く求められています。

経済性については、初期投資にあたる**イニシャルコスト**がこれまで重要視されてきました。もちろん、設計・計画にかかる費用もイニシャルコストになりますので、そういった費用については、これまでも強い関心が持たれており注目されていました。しかし、近年は、**ランニングコスト**が注目されるようになりました。ランニングコストが注目された当初においては、単に直接のユーティリティ費用だけが注目されていましたが、それに加えて、保守費用もランニングコストとして重要視されるようになりました。最近ではそれらに加えて、リサイクルや廃棄処分に関わる費用についても、考慮しなければならなくなっています。そのようなすべての費用を含めて**ライフサイクルコスト**（LCC）という視点での検討が必要となります。さらに最近では、二酸化炭素排出量（**ライフサイクル CO_2**：$LCCO_2$）についてまでも検討しなければならないようになっています。

次に検討しなければならない大きな事項として、期間条件があります。設計・計画から完成までの期間について、余裕を持った条件で業務を依頼される例は皆無といって差し支えないでしょう。この期間条件が本当に厳しい場合に、対策として実施する措置には必ず追加費用が発生します。そのような点で、期間条件の満足と経済条件の満足は、相反する関係にあるといっても過言ではありません。ですから、それらの間にはトレードオフの関係がいつも存在しているという点を理解しておく必要があります。

さらに、コストとスケジュールは、常に監視しておかなければ増大する傾向を持つという点も忘れてはなりません。そのために、スケジュール管理手法として、**マイルストーンチャート**や**時間付きネットワーク図**、**バーチャート**、**日付け入りネットワーク図**などが用いられています。

（4） 設計・計画における効率化

設計・計画の業務では発想が大きな要素となるのは事実ですが、発想を生み出す手法として、それほど効率的な方法がないのも現実です。そのため、ある程度試行錯誤しながら完成させていく方法が発想の段階では取られます。しかし、それを見える形にしていく部分ではいろいろな定型技法があり、情報化が進められる部分でもあります。その点を考慮して、各ステップにおける効率化についていくつか紹介します。

(a) 発想の効率化

設計・計画業務は、本来、知的創造を必要とする業務です。新製品の開発設計や新しいコンセプトを持った製品・施設の計画業務は、知的創造の比率が高い業務ですので、発想法をどう活用するかでかかる時間は大きく変化します。発想法として一般的に用いられるものに、ブレーンストーミングやKJ法などがあります。これらの手法は、多くの技術者が実際の業務で体験していると思います。しかし、まったくの白紙から創造していくという方法よりも多く利用されているのが、モデリングなどの手法です。モデリングは、ある分野の成功手法をモデルとして研究することによって、同様の手法やその改良手法を自分の設計に転用していく手法です。このような手法は、効率が良い設計手法として実際に多く用いられています。それらの言葉の意味を下記に整理して示します。

① モデリング

他の分野で成功している事例を見つけてきて、それをモデルとして自分の分野に応用して考える方法で、水平的な検討を行うやり方です。

② ブレーンストーミング法

数人のメンバーで自由に発想した事項を整理しながら、魚の骨ダイアグラムを作り、考えを集約していきながら、方向性を模索する方法です。

③ 思考演算法

押してもだめなら引いてみるというように、自分の前に出現している事象の問題に対して、順番を入れ替えるとか、方法を逆転させるなど、発想の転換をする方法です。

④　**対話法**

自分の頭に浮かんだ思考を他人に話して、その反応から次への展開を模索したり、自分と違った発想を持った相手とともに発想を広げていく方法です。

⑤　**KJ 法**

川喜多次郎博士が考案した、経験事実に基づいて概念化や理論化を行う方法です。

以上のような方法はありますが、いずれも経験から得られた知識がなければ、効率的な発想が生み出せないのが実際です。確かなことは、いつも発想に対して前向きで、どんな現象にも「なぜ？」という疑問を持つことを否定しない姿勢が技術者には必要です。そこからすべての発想が始まるからです。そのような習慣を身につけることこそが、効率的な発想への原動力となるのは間違いありません。

(b)　まとめの効率化

設計・計画においては、発想の後に業務を整理してまとめていく作業が必ず発生します。この部分においては、効率を上げる機会は多く存在しています。特に、仕様書や図面などへの展開段階では、実際に多くの効率化が図られています。

1)　仕様書の効率化

仕様書を効率良く作成する方法として、標準仕様の採用があります。新しい製品を開発する場合においては、そのような手法が使いにくい場合もありますが、同一製品のモデル変更においては、標準仕様書をベースに改良を加えていく方法が一般的に用いられています。標準仕様書は、多くの先行事例の失敗をもとに作成されているため、過去の失敗経験を繰り返すことが少なくなりますので、そういった点で効率的な方法になります。

また、経験者が作成する場合には、経験の一つひとつが実際に頭に描き出されますので、改良すべき点の発想も確実に行えます。さらに、最近の部品の統一化方策や、ソフト開発におけるサブプロジェクトとしての標準の活用は、その後のメンテナンスの面でも非常に効果がありますので、そのような利用も歓迎されます。

2) 図面の効率化

最近では、図面の**CAD**（Computer Aided Design）化が進んでおり、レイヤを変える方法によって、1つのベースとなる図面にさまざまな部門の図面を重ねていけます。そのため、1つの変更が他に及ぼす影響についても、図面の重ね合わせで確認ができるようになっています。このため、手戻りの可能性を低くする効果が現れてきています。

CAE（Computer Aided Engineering）を用いた解析やシミュレーションも最近は利用されるようになっており、三次元解析などのシミュレーションができるようになりました。また、**CAM**（Computer Aided Manufacturing）は、工作機械との連係を可能にするようになりました。これによって、これまで手入力していた工作機械への作業が省略されるようになり、製造部門との連係がスムーズに行えるようになっています。これをより進化させたものが**CIM**（Computer Integrated Manufacturing System）であり、NC工作機械との連係はより親密なものになりました。

3) 効率的工程の模索

工程表は、経験をもとに試行錯誤して作成する作業の1つです、そのような工程表の最適化には、**数理的解析手法**が用いられます。

a) 数理的解析手法

工程表を作成する場合には、各作業項目の内容を決定して作業量を求めなければなりません。作業量そのものは、基本的には物理的な処理量になりますが、その作業量から作業期間を積算するためには、動員できる資源の量と質が問題とされます。どの程度の質の資源がどれだけ必要なのか、また、それが必要とされる時期に、実際にどれだけ資源が動員できるのか、が問題となります。もしも、希望に合った資源が動員できないとなると、予定していた期間に作業項目が完了できなくなりますので、工程の変更が発生します。十分な質の資源が確保できない場合に、作業を予定時間内に行わなければならないときには、質の低い資源を大量に動員して処理するしか方法はありません。そのような現実的な問題を含んでいますが、業務の初期には平均的な能力を持った資源が希望時期に適量動員できるとして期間を算出します。

実際には、想定していた質の資源が動員できなかったり、質は予定したとおりであっても、量的に十分な資源が動員できなかったりする場合が発生します。そのときは、期間を長く変更するか、または動員できる時期に作業の開始日を変更するか、外部の資源を追加採用するか、などの対応措置を取らなくてはなりません。しかし、最初の時点では、そのような制約についてはあまり考慮しないで計画を立てるのが一般的です。もちろん、特殊な資源でしかできない仕事がある場合には、前もってその資源を確保する対策を講じなければなりません。こうした各作業期間の積算が完了した時点で業務工程表を作成しますが、それに用いられるのが数理的解析技法です。

数理的解析とは、資源の制約などを考慮しないで、作業の最早（最も早い）開始日と最早終了日、最遅（最も遅い）開始日と最遅終了日を計算するための手法をいいます。数理的解析法によって一度期間計算を実施し、それに各種の制約事項を考慮して、最終的な工程表が作成されます。数理的解析手法で代表的な例として、**クリティカルパス手法**と **PERT 法**があります。

クリティカルパス手法（CPM）は、1950 年代に建設計画を行う目的で作成された手法で、スケジュールのフレキシビリティを重視して考えられた工程管理手法です。この手法では、最初に、計画されたネットワーク作業の作業順番どおりに最短作業期間を計算（前進計算）していき、最も早い開始日（最早開始日）と最も早い終了日（最早終了日）を計算から求めます。その後、作業順序の逆から計算（後退計算）し、最も遅い開始日（最遅開始日）と最も遅い終了日（最遅終了日）を計算していきます。それらの差によってフロートを計算して、どのネットワーク作業がスケジュール上でフレキシビリティを持っている

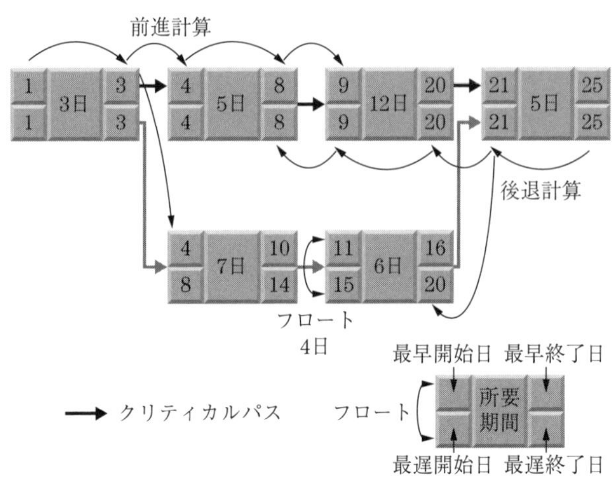

図表 2.1.1　クリティカルパス法

か、またはクリティカルパスであるかを判断する手法です。それを図示すると、**図表 2.1.1** のようになります。

なお、**フロート**とは最早開始日と最遅開始日の差で、結果としてプロジェクトの終了日を遅らせることなく、当該作業を遅らせられる余裕日の意味です。プロジェクト上でフロートがゼロ以下になっている作業チェーンを、**クリティカルパス**と呼びます。

ここで、クリティカルパスについて、具合的な例題で考えてみます。

【例題】　設計開発プロジェクトのアローダイアグラムが下図のように作成された。ただし、図中の矢印のうち、実線は要素作業を表し、実線に添えた p や a1 などは要素作業名を意味し、同じく数値はその要素作業の作業日数を表す。また、破線はダミー作業を表し、○内の数字は状態番号を意味する。このとき、設計開発プロジェクトの遂行において、工期を遅れさせないために、特に重点的に進捗状況管理を行うべき要素作業群を示せ。

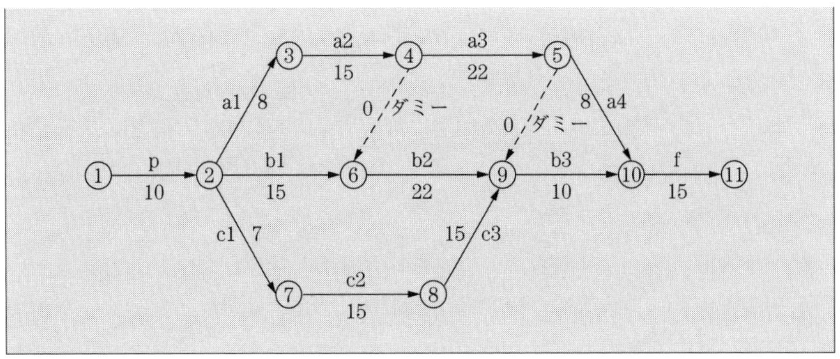

【解説】

問題のアローダイアグラムをバーチャートで表すと次のようになります。

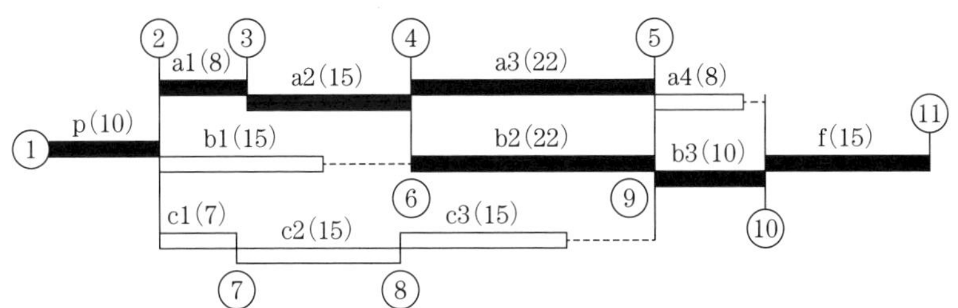

この図から、要素作業にフロート（余裕時間）のない作業は、黒く塗ってある工程（p，a1，a2．a3，b2，b3，f）であるのがわかります。

b)　シミュレーション

上記の数理的解析で工程表は一応完成するわけですが、実際の業務では、工程表のとおりには作業が進まない事態が必ず発生します。数理的解析の大きな欠点は、何も問題とする事象が発生せずに、計画どおり作業が進むことを前提としてすべてが計画されている点です。しかし、実際の業務では思いがけない事象が必ず発生します。また、いくつかのパスが並行して実施されている場合には、作業の遅れがパス全体の遅れとなって、工程全体に影響を及ぼす場合も考えられますので、それらも考慮する必要があります。このような事態を考慮して検討を行う方法がシミュレーションです。

シミュレーションにはいろいろな方法がありますが、業務管理で最も一般的に利用されるのが、**モンテカルロ・シミュレーション**です。モンテカルロ・シミュレーションの名称は、モナコの都市モンテカルロに由来しています。その手法は、乱数や物理的にランダムなメカニズムを使った実験によって、数学的な近似解を求めるために行われるコンピュータシミュレーションの1つです。このシミュレーションで精度の高い近似解を求めるには、シミュレーションの試行回数を大幅に増加させなければなりませんので、高速のコンピュータが必要となり、多くの費用がかかるのが欠点となります。しかし、スケジュールのような、それほど高い精度を必要としない事項のシミュレーションを実施するには適した手法です。モンテカルロ・シミュレーションの結果は、**図表 2.1.2** のグラフに示すような、作業が完了する可能性のカーブとして示されます。

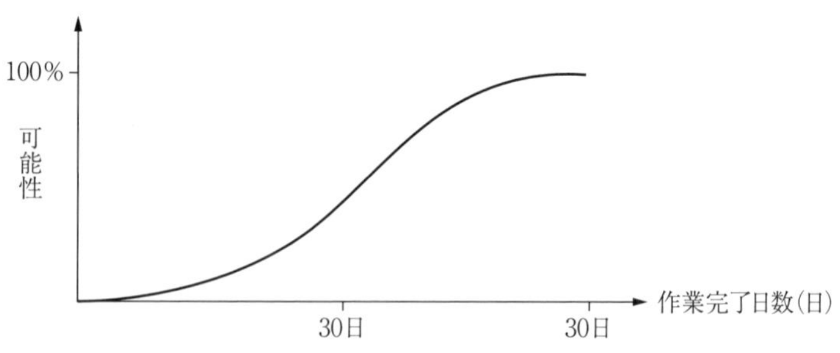

図表 2.1.2　モンテカルロ・シミュレーション結果（例）

(c)　意思決定の効率化

意思決定を効率的かつ効果的に行うことも、設計では非常に重要な点となります。そういった手法としていくつかありますが、その中から、階層分析法について説明します。

1)　階層分析法（AHP：Analytic Hierarchy Process）

階層分析法は、階層的な構造を使って代替案の評価を行う手法で、複数の階層の評価要因の重要度係数と評価値を使って、代替案を定量的に評価して意思決定する手法です。**図表 2.1.3** では、2階層の要因で3つの案を検討する例を示

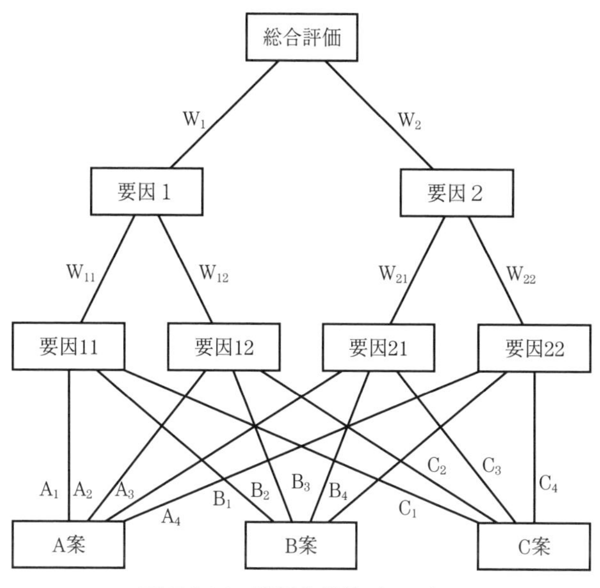

図表 2.1.3　階層分析法（AHP）

します。

図表 2.1.3 で、W_1、W_2、W_{11}、W_{12}、W_{21}、W_{22} は重要度係数で、$W_1+W_2=1$、$W_{11}+W_{12}=1$、$W_{21}+W_{22}=1$ でなければなりません。また、A_1、A_2、B_1、B_2、C_1、C_2 などは評価値になります。これらの数字を使って、個々の案の総合評価値を求めます。図表 2.1.3 の場合の A 案の総合評価値（Sa）は次の式で求められます。

$$Sa=W_1W_{11}A_1+W_1W_{12}A_2+W_2W_{21}A_3+W_2W_{22}A_4$$

階層分析法を、具体的な例題を使って考えてみます。

【例題】 AHP（階層分析法：Analytic Hierarchy Process）は複数の評価項目に対する評価値から複数の代替案のそれぞれの総合評価値を求めて、最適案を導く手法である。次に様に、3 個の評価項目（価格、燃費、大きさ）の重要度と、3 個の代替案（車種Ⅰ、車種Ⅱ、車種Ⅲ）の各評価項目に対する評価値が示されている。このとき、AHP で計算された 3 個の代替案の総合評価値の大小関係を示せ。

・各評価項目の重要度は（価格：0.5、燃費：0.3、大きさ：0.2）である。

・車種Ⅰの各評価項目に対する評価値は（価格：0.3、燃費：0.4、大きさ：0.6）である。

・車種Ⅱの各評価項目に対する評価値は（価格：0.5、燃費：0.2、大きさ：0.1）である。

・車種Ⅲの各評価項目に対する評価値は（価格：0.2、燃費：0.4、大きさ：0.3）である。

【解説】 この問題は1段階の階層構造の問題ですので、問題文の条件を使って、それぞれの車種の総合評価値を計算すると、次のようになります。

車種Ⅰ総合評価値＝0.5×0.3＋0.3×0.4＋0.2×0.6＝0.15＋0.12＋0.12＝0.39

車種Ⅱ総合評価値＝0.5×0.5＋0.3×0.2＋0.2×0.1＝0.25＋0.06＋0.02＝0.33

車種Ⅲ総合評価値＝0.5×0.2＋0.3×0.4＋0.2×0.3＝0.10＋0.12＋0.06＝0.28

以上の結果より、総合評価値は、車種Ⅲ＜車種Ⅱ＜車種Ⅰとなります。

2. システム設計

設計の方法によっては、結果は大きく変わってきます。設計では何を作るのかが最初のテーマですが、それが判明した段階では、どのような効果をもたらしたいのかを、はっきりと仕様書や図面で示す必要があります。その中には、期待しない効果が含まれる場合もありますので、不適切なものは排除しなければなりません。そのため、必要な効果をすべて盛り込み、さらに商品価値を高める効果だけを積極的に取り込んでいく設計姿勢が求められます。それがシステム設計になります。

（1） 信頼性

技術には信頼性が強く求められます。信頼性をできるだけ高めていくという考え方は部品レベルでも実施されていますが、トータルシステムの面でも行われています。特に設計においては、信頼性の高い部品を使う方法はもちろんですが、トータルシステムとしての信頼性を上げていく手法があります。そのなかで広く用いられているのが冗長化です。**冗長化**とは、二重化対策などを行って、システム全体の信頼性を高める方法です。その際にシステムの信頼性を計算しますが、その手法は次のとおりです。

(a)　直列接続

信頼性を計算する場合に与えられる条件としては、**信頼性**（e）と**故障率**（f）があります。この２つの数字には次の関係があります。

$$e+f=1$$

具体的な数字で示しますと、信頼性（e）が 0.9 である場合には、故障率（f）は 0.1 ということになります。構成要素を直列に接続する場合（**図表 2.2.1**）には、次のような計算式になります。なお、各故障率をf_1、f_2、f_3とします。

システム故障率（f_n）$=1-(1-f_1)\times(1-f_2)\times(1-f_3)$

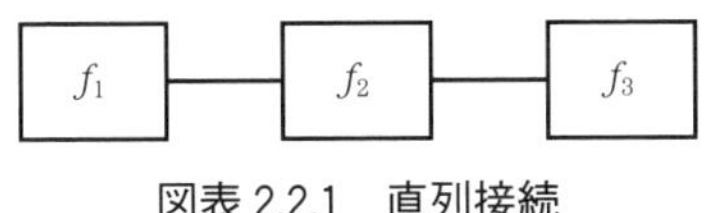

図表 2.2.1　直列接続

すべての故障率（f_1、f_2、f_3）が 0.1 と仮定すると、システム故障率とシステム信頼性は次のようになります。

システム故障率$=1-0.9^3=0.271$

システム信頼性$=1-0.271=0.729$

(b)　並列接続

並列接続の場合（**図表 2.2.2**）の計算式は次のようになります。

システム故障率（f_n）$=f_1\times f_2\times f_3$

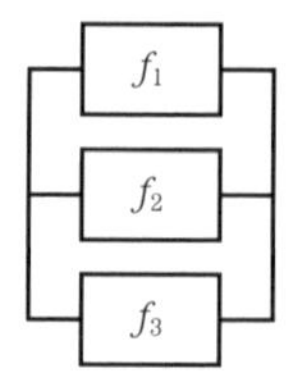

図表2.2.2　並列接続

すべての故障率が0.1と仮定すると、システム故障率とシステム信頼性は次のようになります。

システム故障率 $= 0.1^3 = 0.001$

システム信頼性 $= 1 - 0.001 = 0.999$

このように、二重化や三重化を図る方法によって信頼性が高くなるのがわかりますが、信頼性を高めるとコストは上がりますので、経済性の計算も合わせて行う必要があります。最近の情報分野においては、1つの故障が処理している情報システム全体の停止につながり、その際に失う利益が膨大となることから、そういった分野では冗長化が強く望まれるようになっています。冗長化を考えるべきところとして、電源部、通信部、処理する情報処理部などが考えられますので、各部でどのような冗長化を持たせるのかが、十分に検討されなければなりません。なお、信頼性ということでは、次のような用語も覚えておく必要があります。

① MTTR（Mean Time To Repair）

MTTR は、修理開始からシステムが修復するまでの平均時間を示していますので、日本語では平均修復時間といいます。

② MTBF（Mean Time Between Failures）

MTBF は、ある故障から次の故障までの間隔の平均時間ですので、日本語では平均故障間隔となります。MTBFの逆数（1／MTBF）が先の計算で使った故障率（f）になります。

③　アベイラビリティ（Availability）

アベイラビリティとは、JISで「要求された外部資源が用意されたと仮定したとき、アイテムが所定の条件下で、所定の時点、または期間中、要求機能を実行できる状態にある能力」と規定されています。

アベイラビリティ（A）は、上述したMTTRとMTBFから求められます。

$$A = \frac{MTBF}{MTBF + MTTR}$$

④　バスタブ曲線

実際の故障率は、その設備やシステムを使用した時間によっても変化していきます。一般的に、機器やシステムは導入初期に高い故障率を示しますので、その期間を「初期故障期」と呼んでいます。その期間を過ぎると、故障率はある一定値以下に収まりますので、その期間を「偶発故障期」と呼んでいます。さらに、機器やシステムが長く使われた後には、劣化によって再び故障率が増加していきます。その期間を「摩耗故障期」と呼んでいます。

そのような現象を図で表すと、**図表2.2.3**のようになりますが、その形状から、この現象を**バスタブ曲線**と呼んでいます。

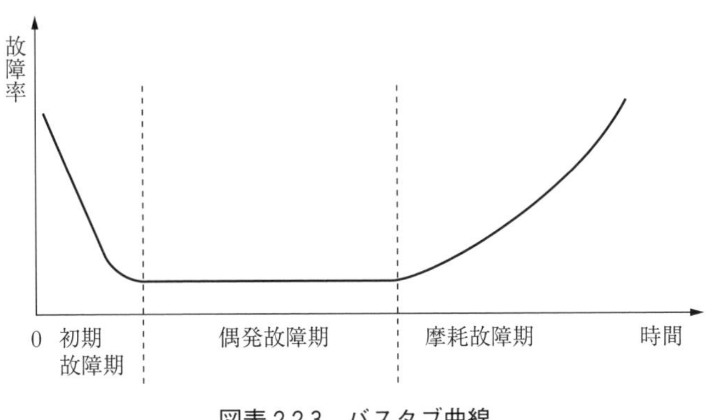

図表2.2.3　バスタブ曲線

(c)　正規分布

信頼性においては、確率の考え方を適用する場面が多くあります、そのような場合に問題として出題しやすいのが、正規分布になります。**正規分布**は統計では広く使われる確率分布で、**図表 2.2.4** に示すように、平均値（μ）を中心として左右対称の形状をしています。

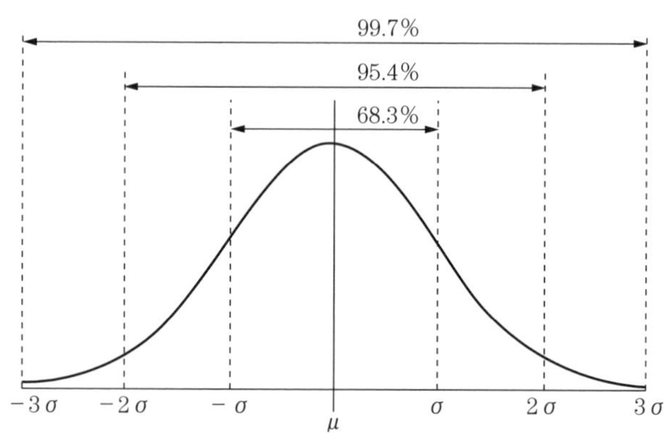

図表 2.2.4　正規分布

正規分布の形状については、平均（μ）と標準偏差（σ）によって決まってきます。この場合には、正規分布を N（μ, σ^2）で表します。平均 μ からのずれが $\pm\sigma$ 以下の範囲に X が含まれる確率は 68.3 %、$\pm 2\sigma$ 以下の範囲に X が含まれる確率が 95.4 %、$\pm 3\sigma$ 以下（**6 シグマ**）の範囲に X が含まれる確率は 99.7 %となります。

母集団が平均 μ で、分散 σ^2 の正規分布に従うときには、ここから無作為に抽出された標本 n の平均の分布は、n が大きくなると、平均は μ で分散は σ^2/n に近づきます。また、2 つの確率変数 X、Y が互いに独立で、それぞれが正規分布 N（μ_x, σ_x^2)、N（μ_y, σ_y^2）に従う場合には、次のような分散の加法性が成り立ちます。

$$\sigma^2_{x \pm y} = \sigma^2_x + \sigma^2_y$$

(2)　安全性

安全性は、設計において非常に重要な要素です。もしも人命に関わるような弊害がある場合には、優先して設計に変更を加えなければなりません。安全を損なう要素には非常に多くのものがありますので、それらを抽出する作業は慎重に行わなければなりません。その要素を抽出する際によく用いられるものとして、**チェックリスト**があります。また、化学プラントなどの大型装置の安全性を確認する手法としてHAZOPという手法がありますし、フォルトツリー分析やイベントツリー分析、FMEAなどの手法もあります。安全が十分に考慮されなければ、消費者や社会に大きな損害を与えるばかりでなく、リコールなどの対策を講じなければならなくなり、企業に大きな痛手やブランドイメージの崩壊をもたらす危険性を持っています。

安全については、最近ではシステムが複雑になっていく傾向にあるため、解析が非常に難しくなっています。そのような複雑系の解析については、コンピュータによるシミュレーションなどの方式も利用されています。しかし、複雑なシステムにおいては、二重三重の安全装置をつける場合が多くなっています。場合によっては、メカニカルな**インターロック**やシステム的なインターロックを設ける方法で防御する必要があります。ただし、設計では安全性を考慮していても、最終的にはシステムと人間との共同判断が行われなければなりません。また、逆に人間の行動においては間違いを完全に除去できませんので、そのような場合を想定して、フェール・セーフやフール・プルーフという考え方を取らなければなりません。

(a)　フェール・セーフ

フェール・セーフは、装置や部品が故障した場合にも、その故障が大きな事故の原因になったり、新たな故障の引き金になったりしないように、安全な方向に制御する設計の考え方をいいます。具体的な例として、速度制御を行う場合で説明しますと、速度制御を司る機能部品が故障した際に、速度が極限まで速くなっていくような制御を誤ってした場合には、いわゆる暴走状態になり、機械自体だけではなく周辺にも危険な状態を作り出してしまいます。このような装置では、この機能を持った部品が故障した場合には速度を低下させて、最終的には装置を停止させるような方向に進むように制御をするよう、あらかじめ計画しておく必要があります。このように、危険性の高い要素がある場合には、それが故障しても、危険性を少なくする方向に自動的に進むように計画する考え方をフェール・セーフといいます。

(b)　フール・プルーフ

フール・プルーフは、人間が誤って不適切な操作を行っても、危険を生じさせないように、または正常な動作を妨害しないように、機械的または電気的に検知して実行できないようにしておく考え方をいいます。現実的には、人間が無意識に誤った操作をしたり、無知や誤解によって意識的に間違った操作をしたりする事態は避けられません。人間の誤った操作に対して、機械側で安全を逸脱する方向に操作が進むのを自動的に拒否する機能を持たせることは、安全を維持するために必要となります。また、危険な操作と機械が判断した場合に、それを操作している人間に知らせる方法によって、過ちを認識させて正常な操作に戻させることができれば、事前に危険を回避できます。このように、人間によるミスは避けられないものとして、システムの信頼性を保持する設計をフール・プルーフ設計といいます。

(c)　ダメージ・トレランス

ダメージ・トレランスは、トラブルが生じた場合に大きな被害が想定されるものに対して、少しぐらいのダメージを受けても、それを許容して機能を維持できるようにする考え方をいいます。具体的には、飛行機などで飛行に直接影響する機能に損傷を受けた場合にも、最大の危機である墜落という事態は絶対に回避しなければなりません。そのため、速度を落としつつも墜落しないで一定距離を飛べるように設計しておく必要があります。

(d)　フォルト・トレラント

フォルト・トレラントは、故障や誤動作が発生しても、機能的には正しい状態が維持できるようにしておく考え方をいます。具体的には、一部の部品や機能に故障が発生した場合にも、全体機能を維持して、装置やシステムを稼動させられるようにしておく手法です。そのためには、冗長性の確保や早期に異常を発見する機能、異常時に人命や環境を保持するようにする対策を考慮しておく必要があります。

(e)　フェール・ソフト

フェール・ソフトは、故障が発生した際に機能を完全に喪失するのではなく、可能な範囲で機能が維持できるようにする考え方をいいます。具体的には、100の機能を持った装置の一部が故障しても、50の機能だけは発揮できるようにしておく手法です。そのためには、冗長化技術によるバックアップを考慮したり、全体で１つの装置とするのではなく、分散装置の集合体としてシステムを構成したりする方法などがあります。

(f)　フォールト・アボイダンス

フォールト・アボイダンスは、故障の可能性が十分に低く、高い信頼性を維持できるようにする考え方をいいます。具体的には、装置やシステム全体の故障確率を低くする手法です。そのためには、装置やシステムを構成する部品の信頼性向上や、品質管理や予防措置の徹底などの方法があります。

(g)　冗長化

冗長化は、機器やシステムの信頼性を上げるために、それと同等の機器やシステムをあらかじめ用意しておいて、故障時に対応する考え方をいいます。具体的な方法としては、二重化、三重化などの並列系多重化方式や、n 個の同じ機能構成要素のうち m 個以上（$m<n$）が正常に動作していれば、システムが正常に動作する **m/n 冗長化**があります。また、装置やシステムが故障した際に、待機した装置やシステムを作動させる、待機冗長化などの方式もあります。

(h)　FMEA（Failure Mode and Effects Analysis）

FMEA は「故障モード影響解析」のことで、設計の不完全な点や製品の潜在的欠陥を見つけるために、構成要素の故障モードを解析して、機器やシステム全体に与える影響を調べる帰納的解析手法です。なお、故障とは、アイテムが要求機能達成能力を失うことと JIS では定義しています。FMEA の解析方法は部品などの要素を基準として行うために、ボトムアップ的な手法であり、一つの部品の故障がその上位の部品に与える影響を評価・分析して、トラブルの発生要因を追求するという地道な方法といえます。FMEA 表の例を**図表 2.2.5** に示します。

No.	構成部品	故障モード	故障メカニズム	故障の影響	対策

図表 2.2.5　FMEA 表の例

なお、FMEA に付加して、フォールト発生の確率およびフォールトによる影響の重大さの格付けを考慮する定性的な信頼性解析手法として、**FMECA**（Failure Modes, Effects and Criticality Analysis）があります。

(i)　FTA（Fault Tree Analysis）

FTA は「故障の木解析」のことで、信頼性や安全性の面から好ましくない事象を取り上げ、その事象から原因となる事象と、その発生原因や発生確率を解析する手法です。頂上事象から始まって、一次事象、二次事象、･･･、n 次事象と枝分かれして広がっていきます。その方法は、トップダウン的な方法であり、その形状が木の枝のように広がっていくため、「故障の木」という名称になっています。FTA の例を**図表 2.2.6** に示します。

(j)　ETA（Event Tree Analysis）

ETA は、災害などの引き金になる重大な事象（Event）を設定し、そこから結果として生じうる事象をシーケンシャルに列記していき、最終的に発生する災害とその発生確率を評価する手法です。各事象については、それが発生するかどうかを YES/NO で表し、それぞれのケースの発生確率を出して二分岐させていきます。個々の事象の発生確率をもとに、重大な事象の発生確率を出していきます。ETA の例を**図表 2.2.7** に示します。

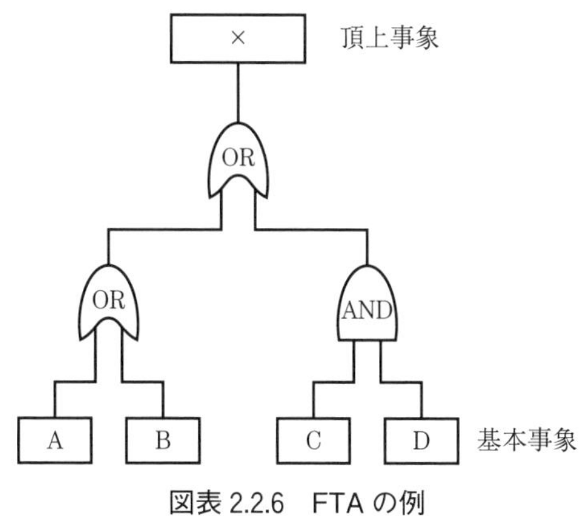

図表 2.2.6　FTA の例

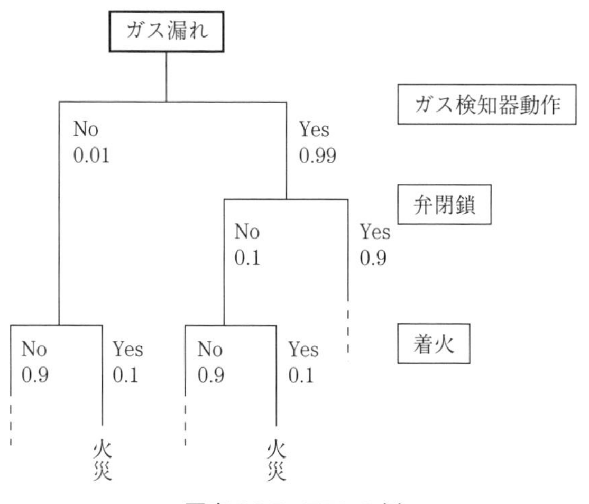

図表 2.2.7　ETA の例

(k)　HAZOP（Hazard and Operability Study）

HAZOP は、主に化学プラントの設計や運転において、どんな危険性があるかを明らかにする手法です。さまざまなプロセスパラメータのずれに対して、その原因とそれから発生する危険事象を解析して、それに対する改善策や対策を考えていきます。

(1)　安全率

安全率は、材料が持つ極限の強さと許容応力との比になります。設計の際には、材料の極限の強さを安全率で割った値を使います。安全率は1よりも大きな値であり、計算の不確実さに応じて大きな値とします。ですから、不確実性の高い事象に対しては、経済性が低下する結果となります。対象物別の安全率の例を**図表 2.2.8** に示します。

図表 2.2.8　対象物別の安全率

対象物	安全率
一般機械	3〜4
航空宇宙分野の機器	1.1〜1.5
電車	3〜4
エレベータ主索	3〜4
玉掛けワイヤー	6以上
鉄骨構造	2.5〜3
架空ケーブル	2.2〜2.5
食品	100
医薬品	100

具体的には、航空機やロケットの構造材料の安全率を高めると、重量が嵩んでしまい、燃費性能等に影響を与えるため、強度的にぎりぎりの設計がなされており、安全係数は1.1〜1.5程度となっています。一方、医薬品や食品などの人体に対する安全率は、動物実験等で得られた結果から計算される場合が多いですが、その場合には種の違いによる安全係数として10倍、それに個人差による安全係数を10倍とみて、100倍程度とされています。玉掛けワイヤーについては、クレーン等安全規則第213条で「玉掛用具であるワイヤロープの安全係数については、6以上でなければ使用してはならない。」と規定されています。

（3）　メンテナンス性

製品を長く使ってもらうためには、適切に維持するための対策も設計時点で考慮しておく必要があります。製品が工場や事業所で使われるものであれば、専門の保守要員が製品の管理を行いますので、問題は少ないといえます。工場などで使われる製品の場合には使用環境が厳しい場合が多くありますが、その状況を考慮して適切な状態に戻す定期点検および定期保守作業が計画的に実施されます。そのような条件で使われる装置の場合、部品の定期保守や定期交換が容易な設計を行う必要があります。製品の中には、部位によって磨耗が激しい部品がある場合があります。そのような部品までのアクセス方法が考えられていないと、製品価格自体が安くても、メンテナンスコストが高くなったり、メンテナンス時間が長くなったりしますので、製造工程の停止時間が長くなり、そのぶん利益損失額を大きくしてしまう結果となる場合もあります。そのため、使用環境を考え、メンテナンス性を考慮した設計が求められています。

一方、家電製品のような消費者の手元で使われるものであれば、違った設計手法が必要となります。家電製品の場合には、使用環境は一定ではありません。過酷な使用をするユーザーも存在しますが、そのようなユーザーは少ないといえるでしょう。その代わり、思いがけない使い方をする場合があります。そのような製品では、保守しやすい設計よりも、消費者の誤操作対策や、誤操作時における消費者や製品への安全対策に重点をおくことが求められます。

（4）　経済性

設計においては、経済性は非常に重要な要素となります。基本的に、設計・計画業務はビジネス活動の一環なので、経済性の考慮は不可欠です。経済性を検討する場合には、製品の材料コストだけではなく、加工性なども焦点となります。そのために、部品の統一化などの方策も取られています。同一部品を違ったモデルに使用する方法によって１つの部品を大量に調達できますので、コスト削減が図れるほか、在庫の共通化によって在庫量の削減も図れます。

(a)　ライフサイクルコスト

経済性の面では、最近では製品寿命全体を考えた、ライフサイクルコスト（LCC）の考え方も広まっています。多少製品価格が高くなっても、ランニングコストが少ない方が経済的という考え方です。ですから、省エネルギー設計が求められるようになっています。

さらに進んで、**ライフサイクルアセスメント**（LCA）の考え方も広がってきています。これは、製品のリサイクル・リユースまでを含めた環境負荷を考慮する考え方です。できるだけ、部品交換によって長く使える製品やリユースできる製品が求められるようになっています。最近では、リサイクル費用は利用者に負担してもらうという考え方が広まっているため、今後はそれらも含めて経済性を考慮しなければなりません。

(b)　最適化手法

最適化手法は、互いに関連した制約条件のもとで、目的にかなう最適な組合せを見出すための手法をいいます。数学的には、目的関数の値を最大または最小にするように変数の値を定めることをいいます。最適化問題を解く手法には、線形計画法や動的計画法などがあります。

1)　線形計画問題

線形計画問題は、n個の変数の間にm個の一次不等式または等式の条件があるときに、変数がある一次式の目的関数の値を最小化する変数の値を見出す手法です。最適化する関数を目的関数、みたすべき等式あるいは不等式を制約条件といい、それらがすべて線形である問題をいいます。実際の問題では変数の数が多くなるため、迅速に解を求めるためには、近似解を求める手法が使われます。また、決定変数が離散的な整数値である最適化問題を**整数計画問題**といいます。整数計画問題では最適解を求めることが難しい問題も多く、問題の規模が大きい場合は遺伝的アルゴリズムなどのヒューリスティックな方法により近似解を求めることがあります。

決定変数が2変数の線形計画問題の解法として、**図解法**を適用することができます。そういった問題例を次に示します。

【例題】 工場で資材 A、B を用いて、製品 X、Y を生産している。表に示すように、製品 X を 1 kg 生産するには資材 A、B はそれぞれ 2 kg、4 kg 必要で、製品 Y を 1 kg 生産するには、資材 A、B はそれぞれ 5 kg、4 kg 必要であるとする。ただし、資材 A、B の使用量には上限があり、それぞれ 20 kg、30 kg である。製品 X から得られる利益が 600 万円/kg、製品 Y から得られる利益が 900 万円/kg のとき、全体の利益が最大となるように X、Y の生産量を決定した。このときの利益はいくらか。

	製品 X	製品 Y	資材の使用上限
資材 A（kg）	2	5	20
資材 B（kg）	4	4	30
利益（万円/kg）	600	900	

【解説】 製品 X の生産量を x kg、製品 Y の生産量を y kg とします。

この問題では、次の制約条件があるのがわかります。

$2x+5y \leqq 20$　……①

$4x+4y \leqq 30$　……②

$x \geqq 0$

$y \geqq 0$

これをグラフに表すと、**図表 2.2.9** のようになり、斜線の範囲で利益（P）が最大になる点を求めればよいのがわかります。なお、①と②式の交点 M を、上記の２式の連立方程式で求めると、$M\left(\frac{35}{6}, \frac{5}{3}\right)$ となります。

この条件で、利益 $P=600x+900y$ を求めます。

$y=-\frac{2}{3}x+\frac{P}{900}$ より、この傾きは $-\frac{2}{3}$ ですので、

グラフに示されたとおり、この直線が M 点を通るときに、P が最大となるの

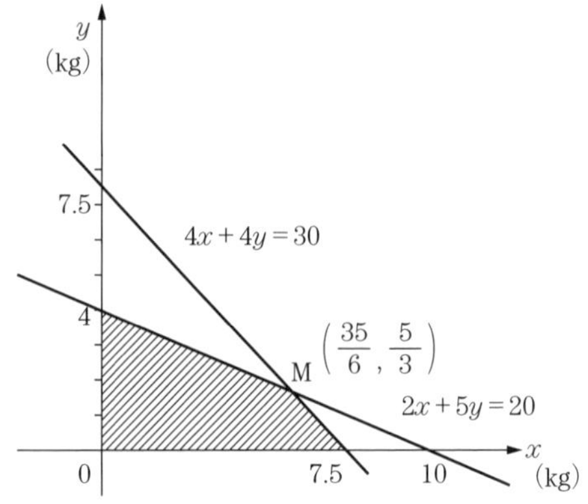

図表 2.2.9　製品 X と Y で得られる利益

がわかります。

したがって、利益 P の最大値は 5,000 円、そのときの製品 X の生産量は $\frac{35}{6}$ kg、製品 Y の生産量は、$\frac{5}{3}$ kg になります。

2）　非線形計画問題

条件付き最適化問題は目的関数と制約条件が与えられますが、この中に一つでも 1 次式でないものが含まれる問題を総称して**非線形計画問題**といいます。目的関数が複雑な山や谷を持つ関数の場合には、最適解を見つけるのが難しくなります。そういった関数の場合には、特定範囲での最適解を**局所的最適解**といい、全体関数の最小値または最大値を**大域的最適解**といいます。

制約条件付きの非線形計画問題のうち凸計画問題については、任意の局所的最適解が大域的最適解になるといった性質を持ちます。具体的な問題としてコスト計算問題を考えてみます。

コスト計算式に 2 つの関数 $f(x)$ と $g(x)$ があるとし、その合計の最小値を求める問題で説明します。この合計を $h(x)$ とすると、総合コストの式は、$h(x)=f(x)+g(x)$ になります。

この場合に、$f(x)$ と $g(x)$ が次の式であるとします。

$$f(x)=\frac{2000}{\mathrm{x}}$$

$$g(x)=5x$$

この場合には、h(x) は次のようになります。

$$h(x)=\frac{2000}{x}+5x \qquad x>0$$

これをグラフで示すと、**図表 2.2.10** のようになります。

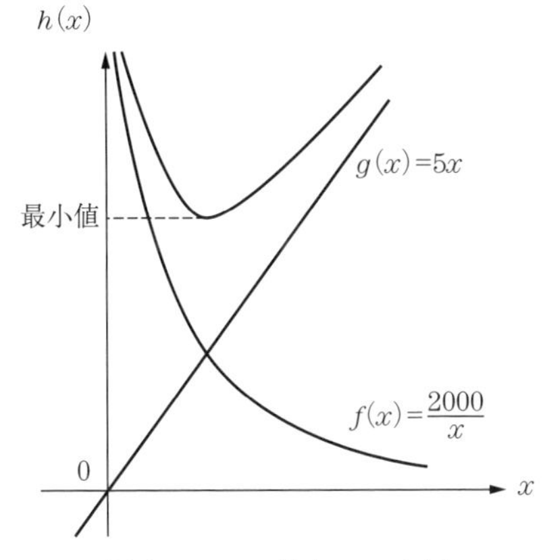

図表 2.2.10　総合コスト例

このケースで総合コストが最小になる場合を求めるには、$h(x)$ を微分した式が 0 となる点を求めればよいのがわかります。

$$\frac{dh(x)}{x}=-\frac{2000}{x^2}+5=0$$

上式を解法すると次のようになります。

$$5x^2=2000$$

$$x^2=400$$

$$x=\pm 20$$

$x>0$　より、$x=20$

このときの最小値は

$h(20)=2000/20+5\times20=200$ となります。

（5） 効率性

効率性を検討する手法として、待ち行列の問題が「設計・計画」ではこれまでに出題されています。待ち行列は、確率モデルにもとづいた理論です。基礎科目では、最もシンプルな待ち行列モデルであるM/M/1がこれまで出題されます。M/M/1というのは、以下の3つの条件が成り立っている状態をいいます。

① M：サービスを受ける客の到着がランダムである（ポアソン分布に従っている）。

② M：サービス窓口を使用する時間はランダムである（指数分布に従っている）。

③ 1：サービス窓口は1つである。

この場合、単位時間当たりの平均処理人数（＝平均サービス率）を μ、単位時間当たりの平均到着者数（＝平均到着率）を λ とすると、下記の項目は次のように表せます。

平均到着間隔 $(T_a)=1/\lambda$

平均サービス時間 $(T_s)=1/\mu$

$$窓口利用率(\rho)=\frac{平均サービス時間(T_s)}{平均到着間隔(T_a)}=\lambda/\mu$$

$$平均滞留数(L_w)=\frac{窓口利用率}{1-窓口利用率}=\frac{\rho}{1-\rho}$$

$$平均待ち時間(T_w)=平均滞留数(L_w)\times平均サービス時間=\frac{\rho T_s}{1-\rho}$$

$$平均応答時間(\mathrm{T})=平均待ち時間(\mathrm{T_w})+平均サービス時間(\mathrm{T_s})$$

$$=\frac{\rho T_s}{1-\rho}+T_s=\frac{\rho+1-\rho}{1-\rho}T_s=\frac{1}{1-\rho}T_s=\frac{1}{(1-\rho)\mu}$$

これを、具体的な例題を使って示すと、次のようになります。

【例題】 あるコンビニエンスストアには、12:00～13:00 の間に 90 人の客が来店する。この店にはレジ１台が設置されており、会計処理に要する時間は客１人当たり平均 0.5 分である。このとき、客がレジに並んでから会計が終了するまでの平均の時間は何分か。ただし、単位時間当たりに客が訪れる数の分布はポアソン分布に従い、会計処理に要する時間は指数分布に従うものとする。

【解説】 それぞれの条件を確認すると次のようになる。

単位時間当たりの平均到着者数$(\lambda)=90$

平均サービス時間$(T_s)=0.5/60=1/120(=1/\mu)$

平均サービス率$(\mu)=120$

窓口利用率$(\rho)=\lambda/\mu=90/120=3/4=0.75$

以上より、

$$平均応答時間(T)=\frac{1}{(1-\rho)\mu}=\frac{1}{(1-0.75)\times 120}=\frac{1}{30}[時間]=2[分]$$

3. 設計条件

設計を行う際には、社会的な要求や法規、基準などが大きな影響を及ぼす場合があります。そのような例をいくつか紹介します。

（1） 社会的な要求

最近の社会的に要求される事項に関して新しい用語がいくつかありますので、それらを紹介します。

(a)　ユニバーサルデザイン

かつては**バリアフリー**という言葉が広く使われ、身体に障がいがある人たちのバリアを解消するための設計や計画が積極的に実施されてきました。しかし、超高齢社会の到来で、これまでよりも広い意味で障がいを捉える必要が生じてきており、一部の機能が低下している高齢者なども多くなってきています。このような社会背景のもとで、何らかの問題を抱えている人たちでも、健常者と同じように利用できるデザインにしていくという考えが生まれました。これが**ユニバーサルデザイン**です。この対象には、成人の能力に達しない子供たちも含まれています。そういった人たち誰もが、直感的に使い方を理解し、間違えて危険な事態を発生させることがないようにする設計が求められています。また、誰でもが無理な姿勢をしないでも操作できるような設計の考え方も必要となります。

ユニバーサルデザインの概念は、米国ノースカロライナ州立大学のロナルド・メイズ氏が1990年に提唱したもので、下記の7つの原則があります。

①誰でも公平に使用できる。

②使う上で柔軟性が高い。

③簡単で直感的に使用方法がわかる。

④必要な情報がすぐに理解できる。

⑤うっかりが失敗や危険につながらない。

⑥無理な姿勢をしたり強い力を必要としないで使用できる。

⑦接近して使えるような寸法や空間にする。

なお、最近ではユニバーサルデザインの一種として、機能的に何らかの制限がある人に焦点を合わせて、これまでの設計をそれらの人々のニーズに合わせて拡張することによって、製品や建物、サービスをそのまま利用できる潜在顧客数を最大限に増やそうという考え方もあります。この設計を、**アクセシブルデザイン**と呼ぶようになっています。

従来のバリアフリーについては、対象障がいがある程度絞り込めましたが、ユニバーサルデザインになると、対象障がいや障がいの程度も多彩になりますので、技術者にとって設計がさらに難しくなるのは間違いありません。しかし、理想形が一朝一夕にできるものではありませんし、一企業や一個人だけで実現できるわけではありません。そういった点で、今後より多くの人が工夫をこらして実用化していき、最終的にデファクト標準的に受け入れられて普及していくものといえるでしょう。少なくとも、ユニバーサルデザインに対しては、積極的な態度で設計者が臨まなければならないという点は理解していなければなりません。

(b)　エコロジー

これまでの設計における基本的な考え方の中には、商品の寿命が終わった場合には廃棄物として処理するという概念が根本にありました。それが、大量生産で大量消費の社会を作ってきたといえます。その結果、世界の環境に大きな影響を与えるようになってきており、現在では環境をこれ以上悪化させない仕組み作りが急がれるようになりました。こうした背景から、設計では、従来は当然のように使えた素材が使えないような例が多くなっています。これに対して**エコマテリアル**の開発も進んでいますので、そういった素材の積極的な利用を検討していかなければなりません。

また、今後の製品はリサイクルを前提として設計を行う必要があります、リサイクルするためには、製品から部品を分離しやすい設計が求められます。たとえば、機械設備で電気の制御回路が含まれている場合においては、様々な金属や化学材料が含まれた電気回路部分を取り外して処理できることが、リサイクル上必要となってきます。その場合には、電気回路部分は取り外しやすい位置に計画しなければなりませんし、数箇所に分散するよりも１箇所に集約した方がよいのは当然です。

(２)　法規・基準

設計や計画を行う場合には、最低でも、法律に示された内容を知っていなければなりません。また、関係する省庁や自治体で、規格や基準または指針や通達などが出されていますので、それらに従って実施する必要があります。このように、設計や計画を行う上での絶対条件となる事項をここでは紹介します。

(a)　デファクト標準とデジュール標準

技術分野での国際化は待ったなしで進んでおり、規格や標準についての国際化は、技術競争力を左右するようになっています。ISO9000 などで有名な ISO（国際標準化機構）では、品質に限らず環境分野を対象とする ISO14000 も制定されています。最近、この分野では日本は後追いの状況となりつつあります。国際規格の制定は、当然、技術者の設計への考え方に影響を及ぼすだけではなく、業務体制や制度についても実際に大きな変化をもたらしており、そういった状況を体感している技術者は多いと思います。

このように、国際的な組織で制定された標準が、国内に入ってきて正式な標準となっていくような、いわゆる**デジュール標準**（ISO などの公的な標準）が大きな影響を及ぼすのは周知の事実です。また、パソコンの OS やインターネットなどでもそうした事例があります。こうした事例から得た教訓をもとに、今では**デファクト標準**（事実上の標準）となるために、企業集団の陣営を形成することが、新しい技術や製品を開発する企業にとっては大きな営業戦略となってきています。技術者が創造し開発したすばらしい技術でも、別の技術がデファクト標準となった場合には、まったく価値を失ってしまう結果になります。

(b)　労働安全衛生マネジメントシステム

労働安全の面でも、国際的な規格化が進められています。これに基づいて、日本の労働安全衛生法も改正されています。**労働安全衛生マネジメントシステム**（ISO45001）では、「労働安全衛生マネジメントシステムを確立し、実施し、維持することで労働安全衛生を改善し、危険源を除去し、労働安全衛生リスクを最小化し、労働安全衛生機会を活用し、その活動に付随する労働安全衛生マネジメントシステムの不適合に取り組むことを望む全ての組織に適用できる」とされています。

このマネジメントシステムの実施においては、トップマネジメントが深く関与することを求めていますし、PDCA サイクルを回しながら継続的に実施することを求めています。このマネジメントシステムで用いられる用語を以下に紹介します。

> ①　インシデント
> 　結果として負傷及び疾病を生じた又は生じ得た、労働に起因する又は労働の過程での出来事
> ②　危険源
> 　負傷及び疾病を引き起こす可能性のある原因
> ③　リスク
> 　不確かさの影響
> ④　目的、目標
> 　達成する結果
> ⑤　パフォーマンス
> 　測定可能な結果

(c)　製造物責任法

1994年に無過失責任の概念から、製造物責任法が施行されました。この法律の施行によって、製造物によって被害を受けた消費者は、その製造物が原因である事実と被害額を証明すれば、被害発生の技術的根拠を証明する必要はなくなりました。そのため、被害の技術的要因を技術の専門家でない消費者が証明するという、現実的には難しい行為をしなくてすむようになったわけです。

この法律の目的は第１条に次のように示されています。

> 　この法律は、製造物の欠陥により人の生命、身体又は財産に係る被害が生じた場合における製造業者等の損害賠償の責任について定めることにより、被害者の保護を図り、もって国民生活の安定向上と国民経済の健全な発展に寄与することを目的とする。

この法律で対象となる製造物は、製造または加工された動産に限られます。また、欠陥については第２条２項に定義されており、「欠陥とは、当該製造物の

特性、その通常予見される使用形態、その製造業者等が当該製造物を引き渡した時期その他の当該製造物に係る事情を考慮して、当該製造物が通常有すべき安全性を欠いていること」とされています。製造物責任法の対象となる欠陥の原因には、次の２つのケースが考えられます。

① **製造工程上の欠陥**

製造工程において、設計仕様を満たさないような欠陥を持った製品が市場に出回った場合

② **設計上の欠陥**

設計仕様どおり製造されているが、設計時には考えつかなかった仕様上の欠陥が埋没していたり、設計時には考えられなかった使い方が一般にされていたりすることによって起こる場合

なお、この法律では免責事項も定められており、製造物が引き渡された時点の科学や技術の知見では欠陥があることを認識できなった場合には、免責されるとされています。そのような点で、設計者が設計・計画した段階で知り得なかった欠陥や、そのときの設計基準で設計されていたこと自体が欠陥であったとしても、設計者は免責されます。また、製造業者が他の製造業者の指示によって設計し、納品した製品において欠陥があった際に、過失がない場合にはその製造業者は免責され、指示をした製造業者が対象とされます。なお、この法律には期間の制限も定められており、製造物を引き渡した時点から10年を経過したものは対象となりません。ただし、身体に蓄積した場合に健康被害を発生するものについては、被害が生じたときから期間を起算するとされていますので、注意しなければなりません。このような内容については技術者が最低知っておかなければならない知識になります。

製造物責任に関わる事故の中で非常に多いのが、想定しなかった環境での使用です。これについては、注意事項の説明等や警告シールで回避することも可能ですが、それだけに頼るのではいけません。本来の消費者保護という立場からは、事故が起きないように、多面的な実験や試作によって欠陥を内包しないような工夫が必要となります。

製造物責任法の趣旨をもう一度確認しますと、作られて出荷された商品が消費者の手にわたって、通常の注意を持って消費者に使用され、通常の環境下における寿命期間内に生じた事故については、製造業者の責任が問われるということです。

4. 品質管理

品質管理においては、品質管理、検査、保全技術、リスクに関する事項がこれまでに出題されています。

（1） 品質管理

技術や製品を考える場合、品質管理が重要な要素になっています。品質管理という言葉は、日本では製造現場から始まっています。日本の品質管理の分野では、アメリカの統計学者であるデミング博士が発展に大きな貢献をしたことから、デミング賞が設けられています。この賞が日本における品質管理の推進に大きな貢献をしました。現在では、品質のためには、次の4要素すべての検討が求められるようになっています。

① 企画時の品質

② 設計時の品質

③ 製造時の品質

④ アフターサービス時の品質

以上が全社的品質管理の考え方となっていますし、国際基準として品質マネジメントシステムの基本的な考え方となっています。また、品質マネジメントにおいて、“Plan－Do－Check－Act”（PDCA）サイクルという方法が広く使われています。

(a) 品質管理に使われるツール

品質管理に使われるツールとして下記のものがあります。

① **パレート図**

② **コントロールチャート**

③ **特性要因図**

④ **相関図**

⑤ **フローチャート**

⑥ **傾向分析**

⑦ **チェックリスト**

⑧ その他の手法

品質のために、よく用いられる手法には、次の２つがあります。

ⓐ 田口法

ⓑ 故障モード効果とクリティカル解析（FME & CA）

(b) ISO9000

品質管理は、基本的には国際規格であるISO9000に則って実施されます。ISO9000：2015では、プロセスの結果であるアウトプットには製品とサービスの２つがあり、製品のなかにはハードウェア、ソフトウェア、資材製品の３つのカテゴリがあるとしています。品質マネジメントシステムは、品質に関する方針や目標、その目標を達成するためのプロセスを確立するための、相互に関連または作用する組織の一連の要素とされています。また、品質方針は、トップマネジメントによって表明された組織としての品質に関わる全般的な方向付けとされています。一方、品質目標は、品質に関して達成すべき結果で、組織の品質方針の目標という意味と、製品やプロジェクトの目標という意味の２つがあります。

ISO9000：2015では、組織が将来なりたいビジョンや、組織は何をするべきかという使命、ビジョンや使命を達成するために何をするかの方針を示した戦略を新たに加えています。さらに、目標が達成された成功を、組織が持続的に達成することも品質マネジメントの目的と考えています。このように、あらゆるプロセスでPDCAサイクルが適用されています。

(c) 品質管理のポイント

品質管理の基本的な考え方は、業務に透明性を持たせ、メンバー全員が日々の業務において確実に達成していかなければならないという性格を持った管理です。かつての品質管理の考え方では、品質管理は検査結果をもとに行えばよいというものでした。要するに、不適合の是正を行うことだけが品質管理と考えられていたのですが、最近では、まず欠陥を予防することが重要であると考えられるようになってきています。基本的に、不適合の是正にかかるコストは、平均して適合のために使われる作業コストの20％増しといわれています。具体的に、適合と不適合のコストとして考えられている事項には、次のような作業項目があります。品質管理の経済価値については、顧客の要求に対する不適合の量（コスト）によって計るという考え方が一般的です。

1）　適合のコスト

適合のコストとは、品質管理計画のための費用、メンバーのトレーニング費用、管理に関わる費用、評価を行う費用、品質監査の費用、保守と整備にかかる費用、検査費用などをいいます。

2）　不適合のコスト

不適合のコストとは、直接やり直しにかかる費用、不適合品をスクラップ処分するための費用、追加に必要となる材料費・資材費、改造にかかる費用、損害を与えてしまった相手先への補償やリコールにかかる費用などをいいます。

（２）　検査

設計や計画の段階で安全性をいくら考慮していても、そのとおりの製品やシステムが完成できなければ、問題は解決しません。そのために、さまざまな段階において検査が行われます。検査の目的は、その部品やサブシステムに内在する問題を、後の工程に先送りしないために行うものです。検査にもいろいろな方法があり、プラントなどの重要施設に用いる製品やシステムについては**全数検査**が行われますが、量産品については抜取検査などの方法が取られます。抜取りの手法については、品質管理の分野ではさまざまな手法が用いられていますが、**抜取検査**の基本的な考え方としては、サンプルを抽出して、その解析結果をロット判定基準と比較して、ロット単位で合否を判定します。具体的な例で示すと、1000 個のロットから 50 個を抜取り、不良品が 3 個以下であった場合を合格とするような方法です。このように、抜取検査では、抜取個数と合否判定個数を決めますが、それによって合否結果が変わります。この検査方法では、良いロットであるにもかかわらず不合格となる確率がありますが、それは生産者の損失となることから「**生産者危険**」といいます。その逆に、悪いロットであるにもかかわらず合格となる確率を、消費者の危険性を高めることから「**消費者危険**」といいます。**調整型抜取検査**では、過去の検査成績によって検査の厳しさを、なみ／ゆるい／きつい、の 3 段階で調整し、使い分ける方式になります。

検査を実施する時期についても、これまでいろいろな工夫がなされています。外注品についての工場検査や受け入れ検査、部品の完成時やサブユニット段階におけるユニット検査、製品に仕上がった段階における完成検査など、責任分解点で段階的な検査が行われるのが一般的です。

検査については、自主検査や外部検査機関による検査、顧客の立会い検査や官庁検査などの方法があり、それぞれの目的に合わせて検査仕様書を作成し、それに基づいて検査が実施されます。検査結果については、問題が発生した際に原因の検証が行えるように、検査書類として残されます。そのような履歴をもとにして、**トレーサビリティ**（追跡性）の確保を行います。当然、検査にかかる費用は製品やシステムの原価となりますので、安全性を高めるために検査を多くしても、それで費用が膨大になってしまっては問題です。原子力分野や化学工場などは、経済性以上に安全性が重視されますので、ある程度は検査費用がかかっても、厳重な検査方法と実施の仕組みが必要となります。しかし、通常の製品やシステムについては、その製品やシステムに求められる安全性のレベルによって、使われる検査費用が決められます。そのような意味で、安全性を損なった場合の損失費用計算（リスク計算）と検査費用は密接に関係しています。

具体的な例題としては、次の例題があります。

【例題】 ある製品１台の製造工程において検査を X 回実施すると、製品に不具合が発生する確率は、$1/(X+2)^2$ になると推定されるものとする。１回の検査に要する費用が 30 万円であり、不具合の発生による損害が 3,240 万円と推定されるとすると、総費用を最小とする検査回数は何回か。

【解説】 総費用を Y 万円とすると Y は次の式で表される。

$$Y=30X+\frac{3240}{(X+2)^2}$$

Y が最小となるのは、$Y'=0$ のときであるので、

$$Y'=30-\frac{2\times 3240}{(X+2)^3}=0$$

$$30=\frac{2\times 3240}{(X+2)^3}$$

$$(X+2)^3=216$$

$$X+2=6$$

$$X=4 \quad [回]$$

（３） 保全技術

設備やシステムにおいては、その保全が事故や故障の予防に大きな効果をもたらします。保全の役割は基本的に２つあり、第一が、設備やシステムの機能を適切に維持する役割で、次がシステムに発生した故障や欠陥を修復するという役割を持っています。

保全の種類には次のようなものがあります。

① 予防保全

予防保全とは、故障などの異常な兆候を見出して未然に防止するための保全で、時間計画保全と状態監視保全があります。

② 時間計画保全

時間計画保全は、時間や使用経過時間を定めて行う保全で、定期保全と経時保全があります。

③　状態監視保全

状態監視保全は、設備やシステムの状態をモニターして、定められた基準と比較して措置を講じる保全の方法です。

④　定期保全

定期保全は、これまでの経験から時間的な周期を決めて行う保全です。

⑤　経時保全

経時保全は、設備やシステムが規定された累積動作時間に達した際に行う保全です。

⑥　事後保全

事後保全は、故障や停止状態になった際に行う保全で、緊急保全と通常事後保全があります。

⑦　緊急保全

緊急保全は、重要な設備やシステムで、通常は予防保全で故障が発生しないように注意しているものが、突発的に故障した際に直ちに行う保全です。

⑧　通常事後保全

通常事後保全は、仮に故障しても代替機などが用意されていて、代替できる設備やシステムに対して、故障後に行う保全です。

これらの保全の種類を図で表すと**図表 2.4.1** のようになります。

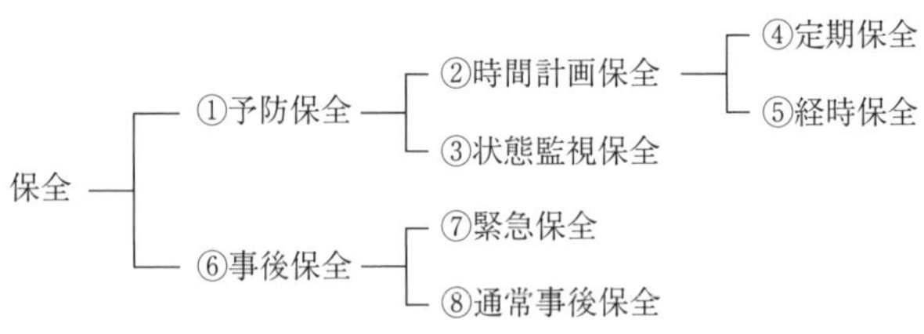

図表 2.4.1　保全の種類の目的による分類

（4） リスク

技術、特に最近の最先端技術にはリスクがつきものと考えなければなりません。科学技術の利用は、当初自然界の法則や自然に存在する物質の利用から始まりました。そのような範囲の利用であれば、リスクは比較的少ないといえます。しかし、科学技術の発展とともに、人間は、自然界に通常では存在しないものまで作り出しました。もちろん、その中には人間に有益なものがあるのは当然ですが、自然界にとって有害な部分はあるものの、その有益な部分との比較において、社会的に受容すると判断を下したものもあります。そうした判断はその時代時代で行われました。したがって、現在の技術や社会環境からみると適切な判断ではなかったと反省すべきものがあります。時代に合わせた適切な判断をしなければ、後悔するような大きな危機をもたらす危険性があります。科学技術に携わる人たちは、そうしたリスク感覚を鋭くして、リスクマネジメントの知識を身につけておく必要があります。

リスクについては、これまで主観的な判断の１つとして考えられていましたが、最近ではリスクを統計的な数字で捉える考え方に移行してきています。そうした考え方を紹介します。

(a)　リスク管理

リスク管理とは、組織やプロジェクトに潜在するリスクを把握し、そのリスクに対して使用可能なリソースを用いて、効果的な対処法を検討し、実施するための技術体系です。リスク管理を実施する際は、組織やプロジェクトに関係する多様なリスクの存在を知り、それぞれのリスクに対して最適な分析・評価技術を用いてアセスメントを実施し、明確な対応方針に基づいて対策を検討する必要があります。

(b)　リスクの定義

リスクという概念は、共通の性質として次の２つを含むものです。

①　その事象が顕在化すると好ましくない影響が発生する。

②　その事象がいつ顕在化するかが明らかでない発生の不確実性がある。

すなわちリスクは、被害規模（影響の種類と大きさ）と発生確率（定量的に把握される場合と定性的に把握される場合がある）により表されるものです。その他にも、**ハザード**（危険要因）と安全防護対策の比率によりリスクを定義する方法などもあり、対象によってはこれを適用しやすい場合もあります。リスクは、注目する対象によってさまざまに定義されていますが、一般には、次のように考えられます。

リスク値＝発生確率×影響額

(c) リスクの定量化

新しい事象を考える場合には、必ずリスクの大きさを考えなければなりません。そのためには、リスクを定量化しなければなりません。定量化は、2つの数値に対して行われます。まず、リスク事象が起こる確率の推定を行いますが、次が、リスクが発生した場合の影響額（損害額）の推定になります。影響額の推定は比較的容易ですが、発生確率の推定は多少感覚的にならざるを得ない場合があります。2つの数値から求められるのが期待値（＝リスク値）になります。期待値という言葉はリスクと合わないようですが、リスクとはマイナス面とプラス面を総括した言葉と捉えるのが一般的ですので、チャンス事象も含みます。

(d) リスクの制御

リスクの定量化についての概念がわかったところで、リスクを制御するための対応策についての考え方を説明します。いくらリスクを定量的に分析できたとしても、その対応策を早期に講じることができなければ意味がありません。また、リスクをうまく制御するためには、リスク事象をできるだけ早く発見し、定量化して分析する必要があります。なぜならば、リスクの判断が遅れれば遅れるほど、それに対する対応策の選択肢は狭まってしまうからです。具体的な例では、設計を間違った場合でも、早く発見できれば図面を修正して新たな資材の発注が行えますので、多少の工程変更ですみますが、現場で取り付ける直前にわかった場合には、とり得る手段には限界があります。たとえ材料をそのまま使える場合でも、周辺の改造などで工事費の増加や手戻り、手待ちが発生してしまいます。リスクの判断は早期に発見できた場合にこそ、柔軟な対応ができる点を認識しなければなりません。ここでは、ある程度早期にリスク事象を発見できた場合に、選択できる対応策の説明をします。

リスクへの対応策には、基本的に次の４つがあります。

1)　積極的対応１

マイナスのリスクの場合で、失敗する確率が高く、失う金額も大きいときには、積極的にリスクを回避する方策を採る必要があります。そういった際には、業務プロセスを変更するとか、手順を改善するなどの方策を多少は費用がかかっても実施する必要があります。最悪の場合には、事業の一部撤退という判断が下される場合さえあります。

2)　積極的対応２

発生確率は小さいものの発生被害額が大きいものについては、保険をかけるなどの対策も積極的な対応の１つといえます。自然災害や事故などの対応がこれに該当します。こうした事象に対して、保険会社でも発生確率に対するデータを持っていますし、補償額についてもある程度の見込みがあります。したがって、リスクの計算が比較的容易な事象ともいえます。

3)　消極的対応

リスクの中でも、発生確率がそれほど大きくなく、被害額も小さいと考えられる事象に対しては、すぐに対応策を講じる必要はないと考えられます。小規模な変更による代替案のほか、直前の回避策の検討のみを行えばよいとの判断で、事態を見守る方法もあります。こうした場合には実際に業務が進行して、発生確率がより一層高まっていくようになって、あらかじめ検討しておいた対応策を実施する方法がとられます。また、たとえ確率がある程度高いと予想されても、影響額がそれほど高くないときには、同様に状況を監視するなどして、直前で影響額を軽減する対策を講じる場合もあります。

4)　非対応

リスクの中でも発生確率が非常に小さい場合、具体的には宝くじの１等のような確率の場合には、何の対応も取らない場合があります。もちろん、損失／利益ともに額があまり大きくない場合にも、その小さな利益を追求したり、損失を避けようとしたりするために、何らかの対策を行うことがかえって新たなリスクをまねくケースも多いので、あえて無視するのです。また、リスク事象を完全に予測することはできませんので、予測しなかったリスクが突然顕在化する場合があります。その際には、事態が発生したときに緊急に対応を行うしかありません。こうした事例も非対応の1つになりますが、その場合にはある程度の費用がかかるのは避けられません。その費用には、通常**コンティンジェンシー**として確保した予備費を当て、その経験を将来の教訓として、リスク特定に役立てなければなりません。

(e)　リスクアセスメント

リスクアセスメントは、リスク管理の中核をなす活動であり、リスク解析とリスク評価により構成されます。また、リスク解析の主要な項目は、シナリオ分析とリスク算定であり、必要に応じて弱点分析や対策効果算定を実施します。リスク管理におけるシナリオ分析方法には、大きく分類してイベントツリー分析手法とフォルトツリー分析手法の2つの種類があります。リスク算定と

領域	領域内容
A	顕在化した場合の被害規模も大きく、発生確率も大きいリスク 最優先事項として被害影響の低減対策を実施する領域
B	発生確率は小さいが、顕在化した場合の被害規模が大きい領域 発生確率がある値以下では、リスク保有またはリスク移転する領域 組織として、対策の優先順位がCの領域よりも高い場合が多い
C	発生確率は大きいが、被害規模が小さい領域 日常経験することが多い領域 被害規模が一定の値より小さい場合はリスク保有する領域
D	組織としてそのリスクを許容してもよい領域

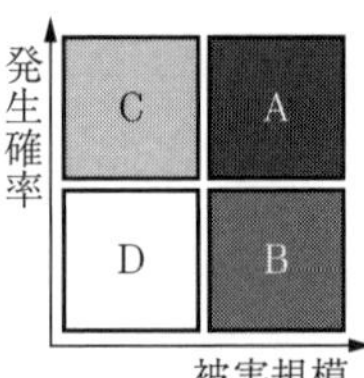

リスク評価フレーム（リスクマトリックス）

図表 2.4.2　リスクの領域分類（例）

は、リスクが顕在化する確率およびリスクが顕在化した場合の被害規模を推定することです。リスクマトリックスは、リスク評価として、被害規模の大きさと発生確率の値により、評価対象を４領域に分けた例を**図表 2.4.2** に示します。

(f)　パブリックアクセプタンス（社会的受容）

技術分野では、最先端の分野になればなるほど、未知の部分を内包しています。そのため、そこには必ずリスクが存在しています。例えば新薬を使用する場合に、副作用による弊害は無視できません。しかし、新薬を使用しなければ危険な状態にある患者に、現在の危険な状態よりも軽い障がいを避けるという理由で、新薬の使用を実施しないという結論を出すのが適切でしょうか。そうした場合には、効用と副作用の両面を比べて、使用を決定するはずです。これは、個人だけではなく公の組織の判断においても行われています。プラスの効用とマイナスのリスクを比べて、社会的に受容するかどうかが決定されるはずです。これを**パブリックアクセプタンス**といいます。

パブリックアクセプタンスでは、過去に受容されたから当然今回も受容されるであろうという論理は成り立ちません。その理由は、社会が求めているものや、そのときの技術レベルで判断が変わってくるからです。高度成長期に目指していたものと、現在の環境社会で目指しているものは大きく違っています。また、10年前に比べて、現在の技術は大きく進歩しています。ですから、数年前の技術レベルではわからなかった大きな弊害が発見されれば、正負のバランスは変わってきます。より効果的で、マイナスの影響の少ない新しい技術が発見されれば、パブリックアクセプタンスの判断基準も変わってきます。社会的な環境や技術の動向を総合的に判断して、その時点のパブリックアクセプタンスは決定されます。この点が非常に重要です。

第 3 章

情報・論理に関するもの

現代社会が情報化社会と呼ばれるようになってから久しいですが、最近では業務だけではなく、一般生活においても情報技術が欠かせないものとなっています。さらに、情報技術の進歩によって、社会の考え方や経済活動の基盤が大きく変わってきています。このように、情報技術は技術者だけではなく、ビジネス社会や一般の人々の生活までも大きく変える力を持つようになりました。また、技術者にとって論理的な思考は最低必要な素養となっています。そういった点で、基礎科目でも情報と論理が取り上げられています。「情報・論理」で出題されている問題は、①情報の基礎、②アルゴリズム、③情報ネットワークの3つに分類されます。

1. 情報の基礎

情報を考える上では、情報特有の考え方をまず身につけておく必要があります。それが情報の基礎になります。情報の基礎については、内容的に取り組みやすい問題が多く出題されていますので、ここである程度勉強をしておくと、試験が有利に展開できます。

(1) 論理演算

論理数は、0と1やYESとNOなどの2つの状態を表すものをいいます。それらを、使って数学の演算に類する操作で命題の真偽を決定する手法を**論理演**

算といいます。

(a)　真理値表

ここでは、論理演算を0と1で考えますが、それらの組み合わせについては、真理値を記入した真理値表を理解するのが早道ですので、論理式と合わせて真理値表を使って説明します。

1)　論理和

論理和は、論理数のどれかが1であれば1となる論理演算で、論理式で示すと次のようになります。また、それを真理値表で示すと**図表 3.1.1** のようになります。

論理式：$X+Y=Z$

図表 3.1.1　論理和の真理値表

入力		出力
X	Y	Z
0	0	0
0	1	1
1	0	1
1	1	1

2)　論理積

論理積は、論理数のすべてが1であれば1となる論理演算で、論理式で示すと次のようになります。また、それを真理値表で示すと**図表 3.1.2** のようになります。

論理式：$X \cdot Y=Z$

図表 3.1.2　論理積の真理値表

入力		出力
X	Y	Z
0	0	0
0	1	0
1	0	0
1	1	1

3)　否定

否定は、論理数の逆とする操作で、論理式で示すと次のようになります。また、それを真理値表で示すと**図表 3.1.3** のようになります。

論理式：$\overline{X}=Z$

図表 3.1.3　NOT 回路の真理値表

入力	出力
X	Z
0	1
1	0

4)　排他的論理和

排他的論理和は、論理数が２つ以上同じ時を除く論理演算で、論理式で示すと次のようになります。また、それを真理値表で示すと**図表 3.1.4** のようになります。

論理式：$(\overline{X}\cdot Y)+(X\cdot\overline{Y})=Z$

図表 3.1.4　排他的論理和の真理値表

入力		出力
X	Y	Z
0	0	0
0	1	1
1	0	1
1	1	0

(b)　集合論理

集合では、図を用いて表現する方法を使って、その中の部分集合や和集合、差集合などを求めることができます。また、集合演算を用いて計算を行うことも可能です。集合では、**ベン図**を用いて考えるのが一般的です。先に説明した真理値表の内容と合わせて、論理和、論理積、否定、排他的論理和をベン図で表すと、**図表 3.1.5** にようになります。

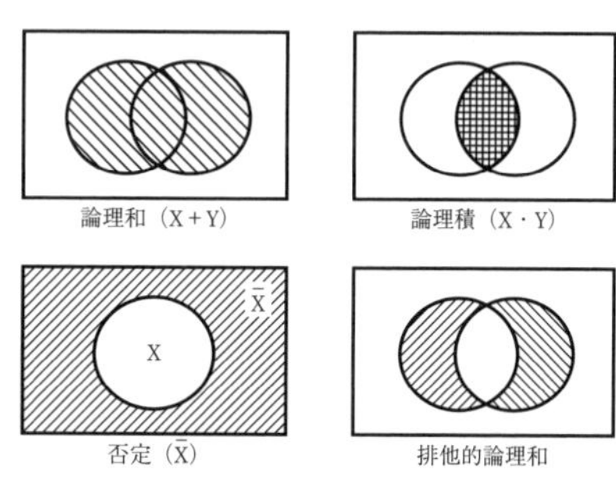

図表 3.1.5　ベン図

ベン図の使い方を、具体的に、例題を使って確認してみます。

【例題】 100 から 999 までの 900 個の整数のうち、素数 3 と 5 と 7 のいずれの倍数でもない整数の個数はいくつか。なお、3 と 5 と 7 に関する倍数の個数は次のとおりである。

3 の倍数	300 個
5 の倍数	180 個
7 の倍数	128 個
15 の倍数（3 と 5 の公倍数）	60 個
21 の倍数（3 と 7 の公倍数）	43 個
35 の倍数（5 と 7 の公倍数）	26 個
105 の倍数（3 と 5 と 7 の公倍数）	9 個

【解説】 この内容をベン図で示してみると、**図表 3.1.6** のようになります。

この図から下記のことがわかります。

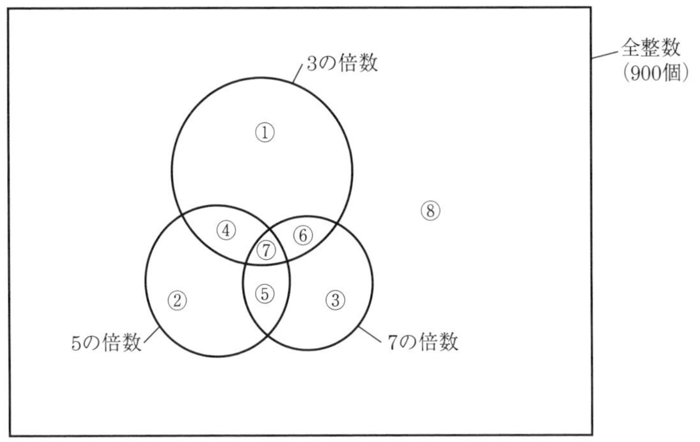

図表 3.1.6　ベン図（整数）

3 の倍数：①+④+⑥+⑦=300（個）

5 の倍数：②+④+⑤+⑦=180（個）

7 の倍数：③+⑤+⑥+⑦=128（個）

15 の倍数：④+⑦=60（個）

21 の倍数：⑥+⑦=43（個）

35 の倍数：⑤+⑦=26（個）

105 の倍数：⑦=9 個

下の 4 式より、④=51、⑤=17、⑥=34 というのがわかります。これを使って、上の 3 式より①=206、②=103、③=68 がわかります。

これらの結果から⑧=412 となります。

(c)　**演算則**

論理演算と集合演算では、**図表 3.1.7** に示す**論理演算則**と**集合演算律**の関係が成り立ちます。

図表 3.1.7　論理演算則と集合演算律

	論理演算則	集合演算律
べき等則	$A+A=A$	$A\cup A=A$
	$A\cdot A=A$	$A\cap A=A$
交換の法則	$A+B=B+A$	$A\cup B=B\cup A$
	$A\cdot B=B\cdot A$	$A\cap B=B\cap A$
結合の法則	$A+(B+C)=(A+B)+C$	$A\cup(B\cup C)=(A\cup B)\cup C$
	$A\cdot(B\cdot C)=(A\cdot B)\cdot C$	$A\cap(B\cap C)=(A\cap B)\cap C$
分配の法則	$A\cdot(B+C)=(A\cdot B)+(A\cdot C)$	$A\cap(B\cup C)=(A\cap B)\cup(A\cap C)$
	$A+(B\cdot C)=(A+B)\cdot(A+C)$	$A\cup(B\cap C)=(A\cup B)\cap(A\cup C)$
吸収の法則	$A+(A\cdot B)=A$	$A\cup(A\cap B)=A$
	$A\cdot(A+\mathrm{B})=A$	$A\cap(A\cup B)=A$
ド・モルガンの法則	$\overline{A\cdot B}=\overline{A}+\overline{B}$	$\overline{A\cap B}=\overline{A}\cup\overline{B}$
	$\overline{A+B}=\overline{A}\cdot\overline{B}$	$\overline{A\cup B}=\overline{A}\cap\overline{B}$
その他	$A+0=A$、$A\cdot 0=0$	$A\cup 0=A$、$A\cap 0=0$
	$A+1=1$、$A\cdot 1=A$	$A\cup 1=1$、$A\cap 1=A$
	$A\cdot\overline{A}=0$、$A+\overline{A}=1$	$A\cap\overline{A}=0$、$A\cup\overline{A}=1$

これらを使って、基礎科目で出題される問題を解くことができます。次に例題を示しますので、解いてみてください。

【例題】 下の論理式を簡単化せよ。ただし、論理式中の＋は論理和、・は論理積、$\overline{X}$ は X の否定を表す。また、2変数の論理和の否定は各変数の否定の論理積に等しく、論理積の否定は各変数の否定の論理和に等しい。

$X=(\overline{\overline{A}\cdot\overline{B}})\cdot(\overline{\overline{A}+B})$

【解説】 例題文の「また、」以下の文章を式で表すと次のような式になります。

① 2変数の論理和の否定は各変数の否定の論理積に等しく

$(\overline{A+B})=\overline{A}\cdot\overline{B}$

② 論理積の否定は各変数の否定の論理和に等しい

$\overline{A \cdot B} = \overline{A} + \overline{B}$

これらを使って問題の式を簡単化すると次のようになります。

$$X = (\overline{\overline{A} \cdot \overline{B}}) \cdot (\overline{\overline{A} + B}) = (\overline{\overline{A}} + \overline{\overline{B}}) \cdot (\overline{\overline{A}} \cdot \overline{B}) = (A + B) \cdot (A \cdot \overline{B})$$

（２） 確率

確率とは、ものごとの起きる確かさを数量的に表したものです。発生確率が均等である事例としてサイコロがよく使われますので、ここでもサイコロを使って説明をします。例として、２つのサイコロ（A、B）を振って出た目の合計が７となる確率を考えてみます。この場合、２つのサイコロの目の合計を表にして考えてみるとよくわかりますので、**図表 3.1.8** に示します。

図表 3.1.8　２つのサイコロの目の合計

サイコロA ＼ サイコロB	1	2	3	4	5	6
1	2	3	4	5	6	⑦
2	3	4	5	6	⑦	8
3	4	5	6	⑦	8	9
4	5	6	⑦	8	9	10
5	6	⑦	8	9	10	11
6	⑦	8	9	10	11	12

図表3.1.8から、合計の目が７になるケースは、合計の目数を○で囲った６ケースあるのがわかります。全体のケース数は36（＝6×6）ですので、合計の目が７となる確率は、6/36＝1/6 になるのがわかります。

次に、ハート、スペード、クラブ、ダイヤの４種類でできている通常のトランプの例で考えてみます。ジョーカーを除いたトランプカード52枚のうちから１枚を抜き取った場合に、このカードがハートである確率は、13/52＝1/4 になります。また、このカードがキングである確率は 4/52＝1/13 になります。

このように、全体集合と部分集合の数がそれぞれわかれば、確率は計算することができます。

(a)　組合せ

確率を計算する際に、組合せを考える場合が多くあります。その際に使うのが組合せになります。**組合せ**は、異なる n 個のものから r 個を取り出す場合に、その順番を考えないでよいときにその組合せの個数を計算する手法で、${}_{n}C_{r}$ の記号で表します。これを計算する際には、次の式を用います。

$$ {}_{n}C_{r}=\frac{n!}{(n-r)!\,r!} $$

具体的な例で説明すると、5つの違った色の玉（赤、白、黒、緑、黄）が入った袋か任意に2個を取り出した場合の組合せの数は次の式で求められます。

$$ {}_{5}C_{2}=\frac{5!}{(5-2)!\,2!}=\frac{5\times4\times3\times2\times1}{3\times2\times1\times2\times1}=\frac{5\times4}{2}=10(\text{通り}) $$

この事例における組合せの種類は、10種類であるのがわかります。

また、組合せを使った確率計算の例題として、次のようなものもあります。

【例題】 5枚の硬貨を投げた際に、表が2枚、裏が3枚出る確率を求めよ。

【解説】 5枚の硬貨を投げる場合は、表と裏の2種類が5枚の硬貨で発生するので、すべての場合の数は $2^5=32$（通り）となるのがわかります。また、そのうち表が2枚出る場合は、順番を考えないでよいので、${}_{5}C_{2}=10$（通り）となります。その結果、確率は10/32＝5/16となります。

(b)　マルコフ過程

マルコフ過程とは、次に起こる事象の確率が現在の状態によってのみ決定される確率過程のことです。実際の問題は複数の過程によって決定されますが、次に起こる事象が1つの過程から決定される場合を**単純マルコフ過程**といいます。基礎科目で出題される問題としては、単純マルコフ過程問題が考えられますので、次の例題を使って実際に考えてみます。

【例題】 ある日の天気が前日の天気によってのみ、図に示される確率で決まるものとする。即ち、ある日の天気が雨であれば次の日も雨である確率は1/2、次の日が晴の確率は1/4、次の日が曇りの確率は1/4である。このとき、次の記述の中から、誤ったものを選べ。

① ある日の天気が雨であれば、2日後の天気も雨である確率は3/8である。

② ある日の天気が晴れであれば、2日後の天気が曇りである確率は5/16である。

③ ある日の天気が曇りであれば、2日後の天気も曇りである確率は1/4である。

④ ある日の天気が曇りであれば、2日後の天気が晴れである確率は5/16である。

⑤ ある日の天気が晴れであった時、遠い将来の日の天気も晴である確率は1/3である。

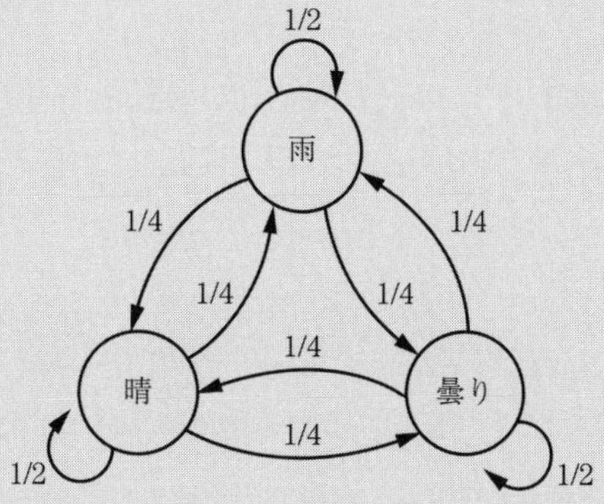

【解説】 この問題の選択肢①のケースを確認してみます。ある日の天気が雨で、2日後の天気も雨である場合には下記のケースがありますので、それぞれ計算してみます。

ある日　　　翌日　　　2日後

雨 ⇒ 雨（1/2）⇒ 雨（1/2）＝1/4

雨 ⇒ 晴（1/4）⇒ 雨（1/4）＝1/16

雨 ⇒ 曇（1/4）⇒ 雨（1/4）＝1/16

上記3ケースの合計は（1/4）+（1/16）+（1/16）＝6/16＝3/8ですので、①は正しい記述です。同様にして、②から⑤までを計算して確認していきます。その計算は自分でやってみてください。なお、この問題の正解は③になります。

（3） 情報量

情報量に関する問題は、基礎科目では毎年出題されていますので、十分に理解しておかなければならない内容です。

(a) 情報量の定義

情報量とは、ある事象が起きた時に伝達される情報の大きさで、単位はビットになります。情報量＝$-\log_2 P$［ビット］で表せます。具体的には、100円玉を投げて表が出るときの情報量は、表が出る確率（$P=1/2$）を使って、次の式で求められます。

$$\text{情報量} = -\log_2(1/2) = -\log_2 2^{-1} = 1\,[\text{ビット}]$$

情報量についてより深く理解してもらうために、トランプを使った例題を考えてみます。

【例題】 ジョーカーを除くトランプカード52枚のうちから1枚を抜き取ったとき、このカードがハートのキングであることを知った時の情報量はいくつか。
ただし、$\log_2 13=3.7$ bit として計算せよ。

【解説】 抜き取ったカードがハートのキングであることを知った時の情報量（I）は、次の式になります。

$$I = -\log_2(1/52) = \log_2 52 = \log_2(4\times 13) = \log_2 4 + \log_2 13 = 2+3.7 = 5.7\,[\text{ビット}]$$

(b)　平均情報量（エントロピー）

すべての事象の平均的な情報量を**平均情報量（エントロピー）**といいます。平均情報量（H）は、事象が起きる確率 P を使って、次の式で求められます。

$$H = -\sum(P\log_2 P)$$

具体的に硬貨を投げたときを例にして説明すると、硬貨を投げた際の平均情報量は、表が出る確率も裏が出る確率も1/2ですので、次の式で求められます。

$$H = -\frac{1}{2}\log_2\frac{1}{2} - \frac{1}{2}\log_2\frac{1}{2} = \frac{1}{2} + \frac{1}{2} = 1\,[\text{ビット}]$$

(c)　バイト

情報量の最小単位は先に示したビットですが、一般には８ビットをまとめて１**バイト**と呼びます。１バイトでは、256（$=2^8$）種類の文字や数字などを表せます。大きな量を扱う場合には、１kバイトや１Mバイトなどを使います。この場合に注意しなければならないのは、一般的に情報分野では１kバイト＝1024バイトと考え、１Mバイト＝1024kバイト＝1024^2 バイトと考える点です。こうした条件で、下記の例題を考えてください。

> **【例題】** ある新聞に書かれた文字数を数えたところ、１ページ当たり 10,240 字であることがわかった。この新聞の文字情報量を 25％に圧縮して格納することを考えるとき、容量が 800Ｍバイトの記憶媒体には何ページ分を格納することができるか。ただし、すべての文字は１文字当たり２バイトで表現され、改行コードなどは考慮しない。また、Ｍは 1,024 の２乗とする。

【解説】 問題文よりすべての文字１文字当たりで２バイトですので、これを25％に圧縮すると、１ページのデータ量は、10,240×2×0.25［バイト］となります。

一方、記憶媒体の容量は800Ｍバイトですので、格納できるページ数は次の式で求められます。

$$\frac{800\times1{,}024^2}{10{,}240\times2\times0.25}=\frac{800\times1{,}024^2}{5{,}120}=163{,}840[ページ]$$

（4） 進数変換

子供の頃から使っているのは10進法ですので、一般の人は10進法以外にはあまり慣れていない人が多いと思います。一方、コンピュータは0と1だけを使った2進法であり、先に説明した通り、1ビットとして処理しています。通常は、コンピュータは1バイト（8ビット）で英数字1文字を表し、2バイト（16ビット）で日本語を表しています。そのため、10進法だけではなく、2進法や8進法、16進法などを使う必要があり、**進数変換**に関する知識が必要となります。10進法までは、0から9の数字を使って表せますが、それを超えると、A（=10)、B（=11）…F（=15）というような方法で表します。

(a) N進数から10進数への変換方法

N進数から10進数への変換方法を、同じ111_Nという数字列で考えてみると、次の方法で10進数へ変換できるのがわかります。

〈10進数〉

$$111_{10}=1\times10^2+1\times10^1+1\times10^0=100+10+1=111$$

〈2進数〉

$$111_2=1\times2^2+1\times2^1+1\times2^0=4+2+1=7$$

〈8進数〉

$$111_8=1\times8^2+1\times8^1+1\times8^0=64+8+1=73$$

〈16進数〉

$$111_{16}=1\times16^2+1\times16^1+1\times16^0=256+16+1=273$$

このような方法で、N進数の数字を10進数の数字に変換できます。

(b) 10進数からN進数への変換方法

逆に、10進数からN進数への変換をする場合には、次のような手法を用います。ここでは、例として83_{10}を10進数から8進数への変換をする場合を考えてみます。この場合には、83を8で割っていく作業の中で出てくる余りを使って求められます。

$$
\begin{array}{lll}
 & & \text{余り} \\
8\,)\,\underline{83} & \cdots \mathbf{3} & \uparrow \\
8\,)\,\underline{10} & \cdots \mathbf{2} & \uparrow \quad \Rightarrow \quad 123_8 \\
8\,)\,\underline{\ \ 1} & \cdots \mathbf{1} & \uparrow \\
\quad 0 & &
\end{array}
$$

この計算の余りの部分を、矢印で示すように、逆の順番で記述すると変換後の数字（123_8）となります。

次に、数字が小数の場合の変換をしてみます。ここでは、10 進数の 0.8_{10} を小数部 4 桁の 2 進数で表してみます。この場合には、小数部に 2 を掛けていく作業を使って求められます。

$$
0.1100_2 \Leftarrow \quad
\begin{array}{r}
\mathbf{0}.8 \\
\times \quad 2 \\ \hline
\mathbf{1}.6 \\
\times \quad 2 \\ \hline
\mathbf{1}.2 \\
\times \quad 2 \\ \hline
\mathbf{0}.4 \\
\times \quad 2 \\ \hline
\mathbf{0}.8
\end{array}
\downarrow
$$

この方法で、太字に示した数字を順番に並べていくと、10 進法の 0.8_{10} は 2 進法で 0.1100_2 となるのがわかります。

(c)　N 進数の補数方法

k 桁の N 進数 X について、X の N の補数は $N^k - X$ で求められます。具体的に、3 桁の 10 進数で表現した 956 の補数は、10^3 から 956 を引いた $10^3 - 956 = 1000 - 956 = 44$ になります。また、5 桁の 2 進数 $(01011)_2$ の補数は、次の式で求められます。

$$2^5 - (01011)_2 = 32 - (01011)_2 = (100000)_2 - (01011)_2 = (10101)_2$$

（5） 誤差

コンピュータの内部では、有効桁が有限であるため、計算によって得られた値と真の値の間に差が生じますが、この差を**誤差**といいます。誤差には、次のような種類があります。

(a) 丸め誤差

計算では、指定された有効桁数で演算を行うために、切捨てや切り上げ、四捨五入などの操作を行って下位の桁を削除しますが、その操作によって発生する誤差を、「**丸め誤差**」といいます。

(b) 情報落ち

絶対値の大きな数と、それに対して極端に小さな数の足し算や引き算を行ったときに、結果的に小さな数が計算結果に反映されないために発生する誤差を、「**情報落ち**」といいます。

(c) 桁落ち

絶対値のほぼ等しい２つの数の差を求めた結果、その数の有効桁が大幅に減るために発生する誤差を「**桁落ち**」といいます。

(d) 打切り誤差

浮動小数点の計算処理の打ち切りを、ある指定した規則で行う場合に発生する誤差を、「**打切り誤差**」といいます。

(e) 絶対誤差

真値から近似値を引いた差を「**絶対誤差**」といいます。式で表すと、次のようになります。

絶対誤差＝真値－近似値

(f) 相対誤差

真値から近似値を引いた値を真値で割ったものを、「**相対誤差**」といいます。式で表すと、次のようになります。

相対誤差＝(真値－近似値)÷真値

なお、演算を行う場合には、演算結果の絶対値が非常に小さくなってしまい、表現できる範囲を超えてしまう**アンダーフロー**や、その逆に演算結果の絶対値がレジスタの許容値を超えて大きくなる**オーバーフロー**が発生します。

2. アルゴリズム

JIS 工業用語大辞典では、**アルゴリズム**を次のように定義しています。

「問題を解くためのものであって、明確に定義され順序付けられた有限個の規則からなる集合」または「入力変数から出力変数が算出可能となる正確に決定された有限の順序をもつ命令群」

アルゴリズムとして基礎的なものには、検索アルゴリズムがあります。検索法の中では、順次検索していく線形検索法や、検索データがあらかじめ昇順などの整列されている場合に用いる２分検索法などがあります。また、整列アルゴリズムも基礎的なアルゴリズムといえます。

（1） スタックとキュー

(a)　スタック

スタックは、一時的にレジスタの値を退避したり、サブルーチンへの分岐の際に戻り番地を入れたりするために利用するメモリの名称で、最後に格納したデータを先に取り出す LIFO（Last In First Out：後入れ先出し）方式で利用します。スタックにデータを格納することをプッシュダウン（PUSH)、スタックから読み出すことをポップアップ（POP）といいます。

具体的な操作に関しては次の例題を使って考えてみます。

【例題】 スタックとは、次に取り出されるデータ要素が最も新しく記憶されたものであるような方法でデータを順序付ける記憶装置である。スタックに対する操作を次のとおり定義する。

・「PUSH n」スタックに整数データ n を挿入する

・「POP」スタックから整数データを取り出す

空のスタックに対し、PUSH 1、PUSH 2、PUSH 3、PUSH 4、POP、POP、PUSH 5、POP の操作を順に行った。続いて POP の操作を行った場合、取り出される整数データは何か。

【解説】 この問題では、操作の手順を具体的に説明していますので、その通り実行しながら考えてみると答えがわかります。まず、PUSH1 から PUSH4 まで連続して操作されていますので、記憶装置内では、1−2−3−4 の順番で記憶されているのがわかります。その後、POP で一番新しいデータである 4 を取り出し、続けて POP で 3 を取り出していますので、この時点で 1−2 と記憶されているのがわかります。その後、PUSH5 で 5 を記憶しているので、1−2−5 という順番で記憶されていますが、さらに POP で 5 を取り出した後に、続けて POP を行いますので、2 が取り出されることになります。したがって、「2」がこの問題の答えとなる整数データになります。

(b)　キュー

キューは、待ち行列の意味で、最初に格納したデータから順に取り出される FIFO（First In First Out：先入れ先出し）方式です。キューへのデータ挿入をエンキュー（ENQ）、取出しはデキュー（DEQ）操作で行います。

（2）木

木は、データ同士の階層的な関係を表現するためのデータ構造です。**図表 3.2.1** にその構造を示します。根から最も深い節の深さを「木の高さ」といいます。

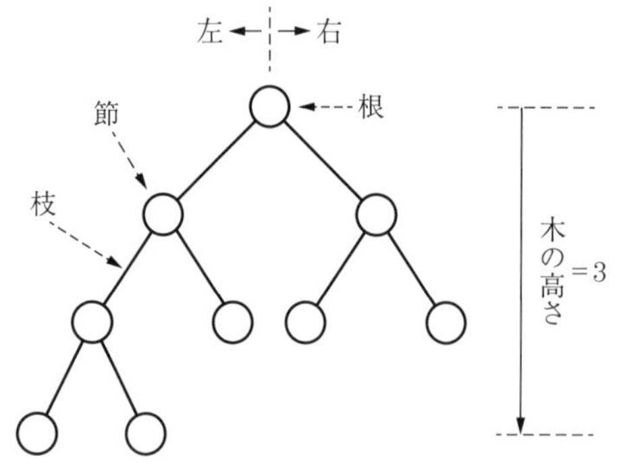

図表 3.2.1　木の構造

２分検索木における検索では、根のデータと検索データを比較して、根のデータより検索データが小さければ、根の左部分の木の頂点に位置する節へ配置し、検索データが大きければ、根の右部分の頂点に位置する節へ配置します。その後のデータ同様に、根のデータより検索データが小さければ、根の左部分の節のデータと比較し、それよりも小さければ、その節の左部分の節に配置し、それよりも大きければ、節の右部分の節に配置します。具体的な数字（8（根)、12、5、3、10、7、6）で行ってみると、**図表 3.2.2** のようになります。

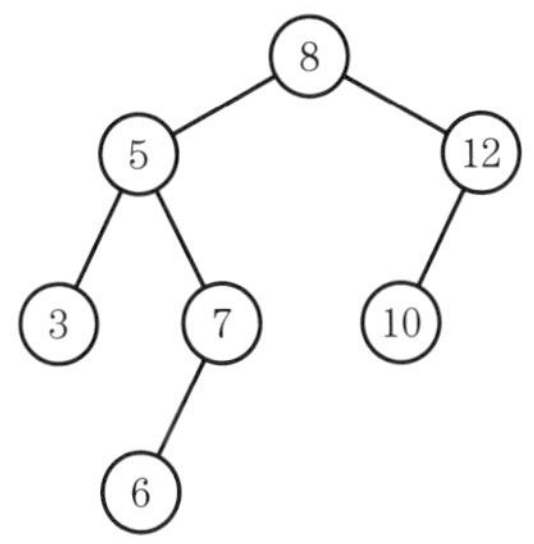

図表3.2.2　２分検索木（例）

（３）　検索アルゴリズム

検索とは、ある条件に合う文字列や数値を探し出す操作をいいます。検索の方法としては、ロジックが簡単な線形検索法や処理効率を高めた２分検索法などがあります。

(a)　線形検索法

線形検索法は、順次検索法とも呼ばれているとおり、対象データの最初から順番に検索していく方法です。検索データが N 個ある場合には、検索の最小比較回数は１回ですが、最大比較回数は N 回になります。そのため、平均比較回数は、$(N+1)/2$ 回になります。ただし、N が十分に大きい場合には、平均比較回数は $N/2$ 回と考えます。この方法は、整列されてなく、ランダムな配置の検索対象データの場合に有効な方法になります。

(b)　2分検索法

2分検索法は、検索対象データがあらかじめ順番に整列されている場合に用いると有効な検索手法です。具体的な方法は、検索したい値と検索対象データの中央にある値を比較して、検索したい値が小さければ検索対象データの前半をさらに検索し、検索したい値が大きければ検索対象データの後半をさらに検索していきます。その操作を繰り返し行っていきます。それを図示すると**図表3.2.3**のようになります。

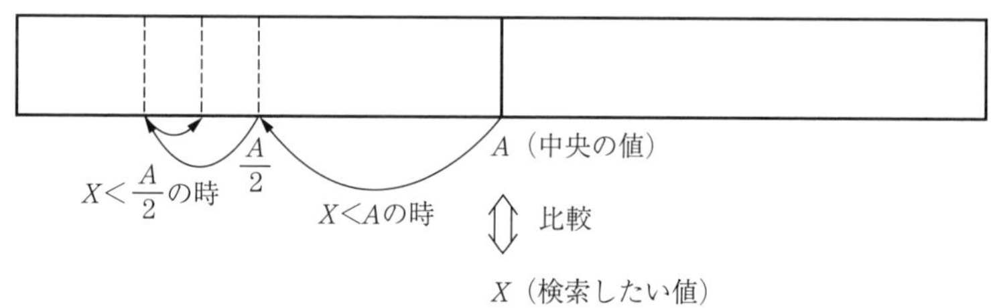

図表3.2.3　2分検索法の概念図

このように、2分検索法では1回の検索で検索範囲を1/2ずつ狭めていきますので、効率的な検索が行えます。そのため、検索対象データがN個の場合には、最大比較回数は、$[\log_2 N]+1$回になり、平均比較回数は$[\log_2 N]$回になります。

(c)　ハッシュ検索法

ハッシュ検索法は、検索データのキー値を使ってデータの格納アドレスに変換し、そこにデータを格納する手法です。格納場所の算出に用いる関数を**ハッシュ関数**といい、得られた値を**ハッシュ値**といいます。ハッシュ検索法は高速に検索を行う手法とされており、一意検索には優れた手法ですが、連続したデータの大小比較や検索には向いていません。なお、ハッシュ検索法では異なるキー値からは同じハッシュ値が得られないのが理想ですが、それは難しいとされています。異なるキー値から同じハッシュ値が求められる場合を、シノニムが発生（衝突）したといいます。シノニムの発生を防ぐことはできませんので、シノニム発生時の対策としては、オープンアドレス法やチェーン法があります。**オープンアドレス法**は、シノニムが発生した際に別のハッシュ関数を用いて再ハッシュを行う方法です。また、**チェーン法**は、同じハッシュ値を持つデータをポインタでつないだリストとして格納する方法になります。

（４）　ユークリッドの互除法

ユークリッドの互除法とは、最大公約数を効率良く求める方法で、最初に考えられたアルゴリズムといわれています。

ユークリッドの互除法を説明すると次のようになります。

① 自然数 A と B に対して、A を B で割った商を Q、余りを R とする。

② $R=0$ の条件が成立するか調べ、成立しなければ③へ進み、成立すれば④へ進む

③ $R=0$ の条件が成立しない時は、以下のⓐ〜ⓓの手順を行う

　ⓐ B を A に代入する；

　ⓑ R を B に代入する；

　ⓒ A を B で割り算し、商 Q と余り R を求める

　ⓓ ②へ戻る

④ B の値を表示する；

このアルゴリズムを示すと**図表 3.2.4** のようになります。

このアルゴリズムを具体的な数字で確認してみます。

自然数 A の値が 70、自然数 B の値が 50 の場合には、次のようになります。

$A=70,\ B=50,\ 70\div50$ より、$R=20$（$R\neq0$ であるので、再計算する）

$A=50,\ B=20,\ 50\div20$ より、$R=10$（$R\neq0$ であるので、再計算する）

$A=20,\ B=10,\ 20\div10$ より、$R=0$　（$R=0$ であるので終了する）

このときの B は 10 であるので、10 が最大公約数になります。

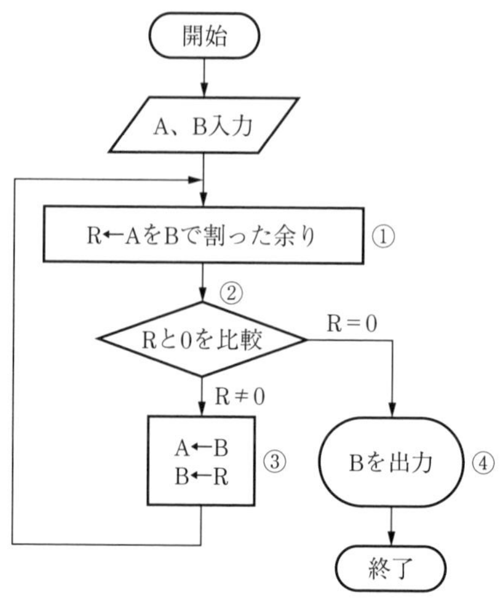

図表 3.2.4　ユークリッドの互除法

（5） 構文規則

プログラミング言語の文法などを記述する方法として、**構文規則**がありますが、そのうち、BNF 記法と構文図について説明します。

(a)　BNF 記法

BNF 記法では、次のような表記方法で定義を行います。

〈数字〉：：＝0｜1｜2｜…｜9

〈英字〉：：＝a｜b｜c｜…｜x｜y｜z

〈整数〉：：＝〈数字列〉｜〈符号〉〈数字列〉

〈数字列〉：：＝〈数字〉｜〈数字列〉〈数字〉

〈符号〉：：＝＋｜−

これらの記述で、「〈数字〉：：＝」は、「数字は～と定義する。」という意味になります。また、「｜」は、「または」の意味になります。これらから、最初の「〈数字〉：：＝0｜1｜2｜…｜9」は、「数字は、0 から 9 のどれかの文字であると定義する」という意味になります。同様に、「〈整数〉：：＝〈数字列〉｜〈符号〉〈数字列〉」は、「数字は、数字列または、符号の後に数字列を付けたものと定義する」という意味になります。

(b)　構文図

構文図は、矢印の順番に進んで行きながら表記する内容を定義する方法です。例として**図表 3.2.5** を示します。

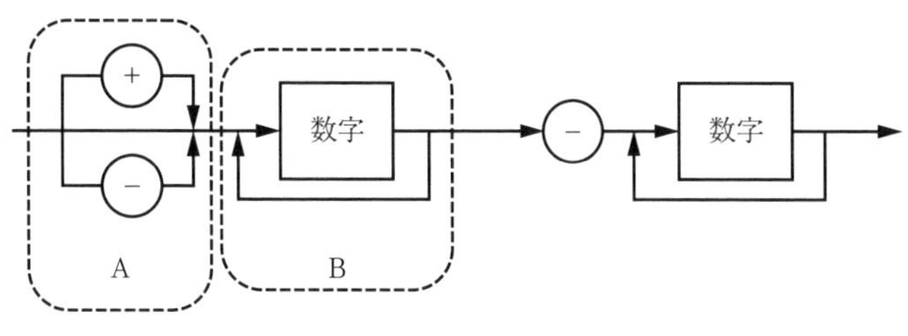

図表 3.2.5　構文図の例

図表 3.2.5 の A の部分は、最初に符号の「＋」または「−」を付けるか、符号を付けないという定義になります。その次の B の部分では、数字を入れるとなりますが、数字を入れた後に、繰り返し数字を入れてもよいとされていますし、そのまま符号「−」を付けてもよいという意味になります。「−」を付けた後に数字を付け、繰り返し数字を付けるか、そのまま終了すると定義しています。

なお、構文図の基本形は**図表 3.2.6** に示す４つになり、構文図はこの４つの組合せで表現することができます。

①　a が１回以上現れる場合の表現

②　b が０回以上現れる場合

③　c が０回か１回現れる場合

④　d か e が現れる場合

① aが1回以上現れる場合の表現

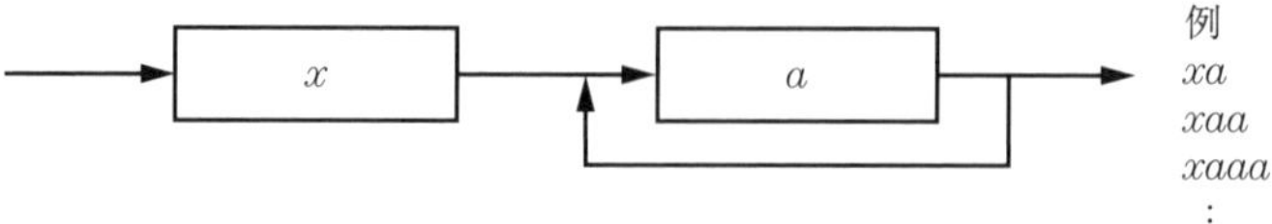

② bが0回以上現れる場合

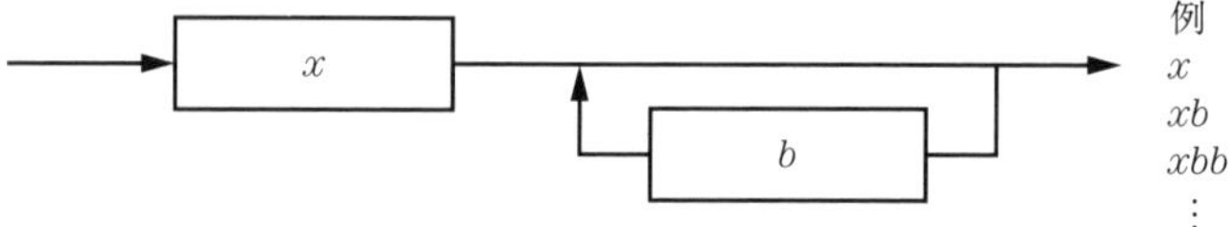

③ cが0回か1回現れる場合

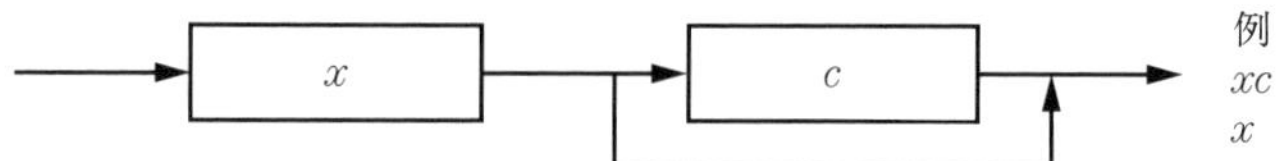

④ dかeが現れる場合

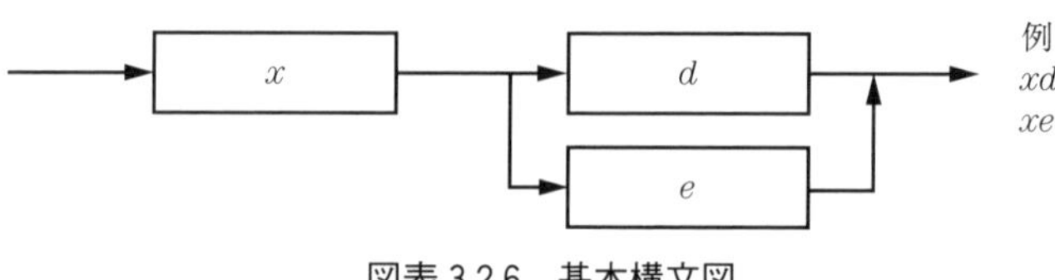

図表 3.2.6　基本構文図

それでは、次に示す例題を使って具体的に構文図を考えてみます。

【例題】 次の構文図が与えられたとき、この構文図で表現できる文字列として誤っているものを選べ。ただし、英字は a, b…z, A, B, …Z のいずれか、数字は 0, 1, …9 のいずれかである。

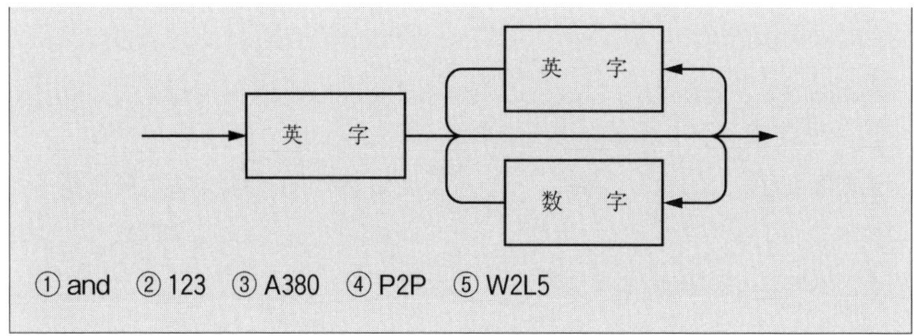

【解説】　この構文図では、最初に英字が来なければいけないので、②が誤っているのがわかります。最初に英字が入ればその後は数字だけでも可能ですし、すべて英字だけでも可能です。また、最初の英字の後には、数字と英字が任意に入ることが可能ですので、その他の４つは適切であるのがわかります。

（６）　逆ポーランド記法

逆ポーランド記法とは、コンピュータのプログラミングにおいて、算術式を表記する手法の１つで、演算子を演算の対象である演算数の右側に記述する手法です。具体的な例として、**中間記法**で $a \times b + c \div d$ と書かれる式を２分木で表現すると、**図表 3.2.7** のようになります。

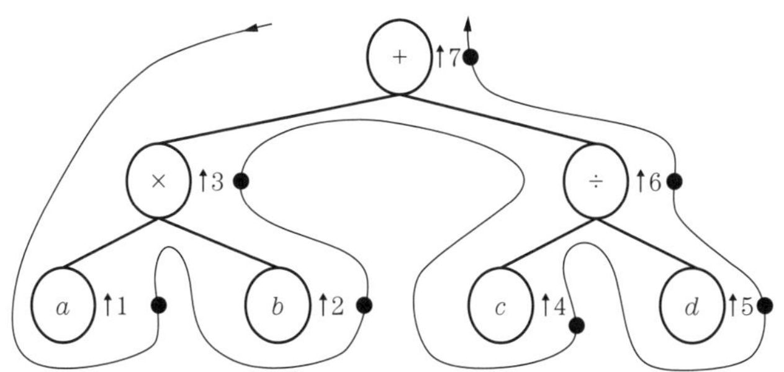

図表 3.2.7　$a \times b + c \div d$ の２分木と後置記法への変換

図表 3.2.7 を反時計回りに回る順路でたどると、後記記法への変換ができますので、次の式になります。

$ab \times cd \div +$

(7) 決定表（デシジョンテーブル）

決定表とは、いくつかの条件とそれによって決定される行動との関係を4つの要素でできた表にまとめたもので、**デシジョンテーブル**とも呼ばれます。概略を図示すると**図表3.2.8**のようになります。

図表3.2.8　決定表の4要素

①　条件表題欄	②　条件記入欄
③　動作表題欄	④　動作記入欄

①　条件表題欄

判定を行うためのすべての条件を記入する欄です。

②　条件記入欄

条件表題欄のすべての条件に対して、Y（Yes）／N（No）の記号を記入します。

③　動作表題欄

条件が満たされた場合の動作をすべて記入します。

④　動作記入欄

条件の組合せが満たされた時に動作する箇所に「X」、動作しない箇所に「－」の記号を記入します。

この決定表を具体的な例を使って確認してみます。次の問題は出席回数と試験の成績をもとに、評価を決める内容です。その条件を**図表3.2.9**に図示します。

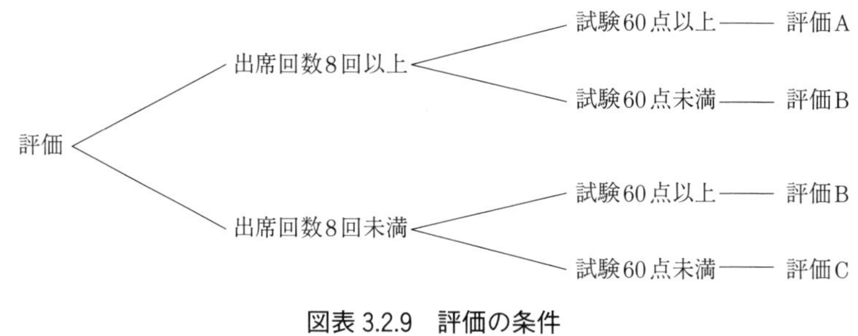

図表 3.2.9　評価の条件

図表 3.2.9 に示された評価を決定表に表すと、図表 3.2.10 のようになります。

図表 3.2.10　評価の決定表による表記

条件部	出席回数８回未満	Y	Y	N	N
	試験 60 点以上	Y	N	Y	N
動作部	評価 A	—	—	X	—
	評価 B	X	—	—	X
	評価 C	—	X	—	—

決定表は、複雑な条件判定を伴うような要求仕様を記述する方法として有効な手段です。また、プログラム制御の条件漏れなどのチェックの際にも効果があるとされています。

（8）　論理的思考問題

論理的思考を、具体的な例題を使ってその考え方を説明します。

【例題】下図は、ある地域の道路ネットワークである。点は交差点、辺は道路を示している。各辺に付された数字は、その道路をそれ以下の車高の車両が通過できる車高制限を示している。地点Ａから地点Ｂに移動できる車高の最大車高は何ｍか。

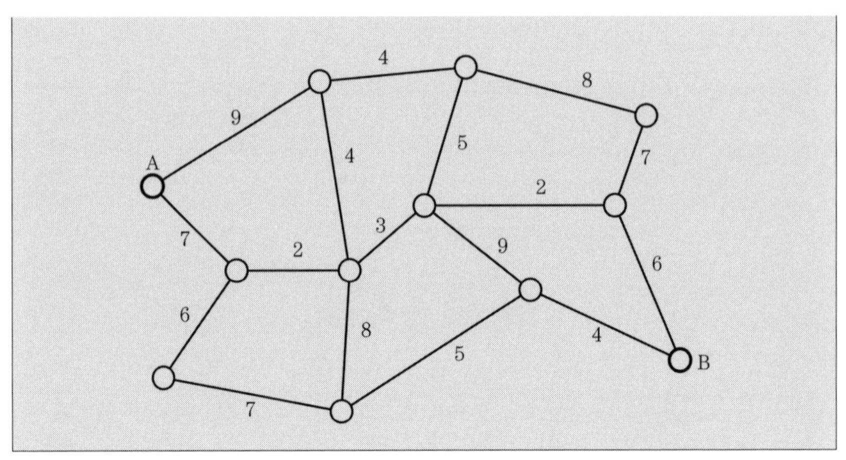

【**解説**】この問題は最大の車高値を求めるものですが、逆に最低の車高値の道路から順に消去していき、ルートが0になる前の状態がどれかを見つけるという考え方ができます。まず、問題の図の2mの車高道路を消してみます。それでも、まだ複数のルートが考えられるのがわかります。次に3mの車高道路を消してみますと、それでも複数のネットワークが残ります。そこで、4mの道路を消してみると、**図表 3.2.11** に示す1つのルートだけが残ります。

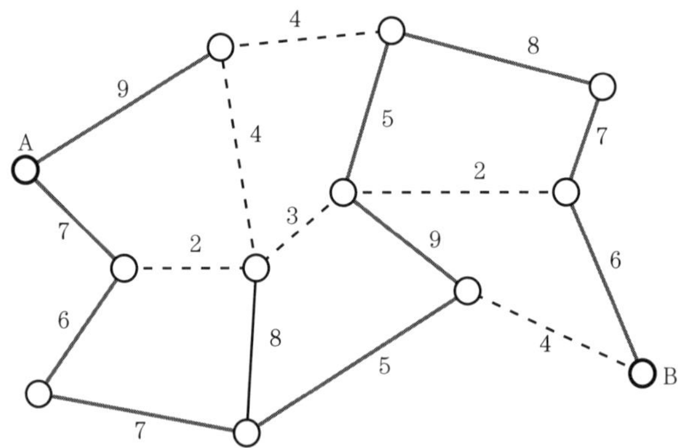

（注）消した部分を点線で表しています。

図表 3.2.11　消去後の道路ネットワーク

この結果、5 m が最大車高になるのがわかります。

このように、論理的に内容を分析する姿勢が求められる問題も出題されます。

3. 情報ネットワーク

情報ネットワークは、現在では欠かせない技術となっています。最近では画像などの情報量の多いデータを高速に伝送したいというニーズが高まってきています。また、情報システムの信頼性に対する要求も高まってきています。それらを効率的に利用するには、インターネットは欠かせません。そういった状況の中で情報脅威も増加しており、セキュリティ対策も求められるようになっています。

(1) 情報システム

情報システムでは、信頼性と高速性が最近では強く求められるようになってきています。

(a)　伝速速度

伝送速度は通信ネットワークの容量で決まりますが、毎秒１ビットのデータを転送する速度を 1 bps といいます。また、1 B（バイト）は８ビットになりますので、それらを使って伝送速度が計算できます。具体的に、下記の例題でその計算をしてみます。

【例題】１Gバイトのデータを 10 Mbps の転送速度で伝送できる通信網で転送した場合に必要な時間を求めよ。

【解説】１G バイトは 1×10^9 バイトであり、１バイトは 8 bit です。また、10 Mbps は１秒間に 10×10^6 ビットを伝送できるという意味ですので、転送時間は下記の式で求められます。

$$転送時間=\frac{転送データ量}{転送速度}=\frac{1\times10^9[バイト]\times8[ビット/バイト]}{10\times10^6[ビット/秒]}$$

$$=8\times10^2=800[秒]$$

なお、本章1項（3）（c）で示したとおり、最近では2進法が多く用いられていますので、「1Mバイト＝1024kバイト＝1024^2バイト」を使う例も増えています。そのため、これらの数字を使って計算する場合もありますので、注意してください。ただし、どちらの数字を使っても誤りとはなりませんが、計算の容易さが変わってきます。

(b)　クロック周波数

クロック周波数は、コンピュータの動作を制御するための基準信号の周波数で、パソコンのCPUの性能を表すのによく利用されます。クロック周波数が上がると、コンピュータの処理速度も上がります。クロック周波数の単位はHzになります。ただし、1つの命令の実行効率や命令が持っているステップ数などによって、処理能力が異なります。それを示すものとして、1命令当たりの**平均クロックサイクル数**（CPI：clock cycles per instruction）を用います。CPUクロックサイクル数は下記の式で求められます。

CPUクロックサイクル数＝命令個数×CPI

この内容を例題を使って説明します。

【例題】10,000命令のプログラムをクロック周波数2.0 GHzのCPUで実行する。下表は、命令の個数と、CPI（命令当たりの平均クロックサイクル数）を示している。このプログラムのCPU実行時間はいくつか。

命令	個数	CPI
転送命令	3,500	6
算術演算命令	5,000	5
条件分岐命令	1,500	4

【解説】 表から CPU クロックサイクルは次のようになります。

全体 CPU クロックサイクル数 $= 3{,}500 \times 6 + 5{,}000 \times 5 + 1{,}500 \times 4 = 52{,}000$

１クロックの処理時間 $= 1/2{,}000{,}000{,}000 = 0.5 \times 10^{-9}$[秒]

よって、CPU 実行時間は次のようになります。

$52{,}000 \times 0.5 \times 10^{-9} = 26 \times 10^{-6}$[秒] $= 26$[マイクロ秒]

(c)　キャッシュメモリ

CPU と主記憶装置は連携して動作しますが、これらの動作速度には大きな開きがあるため、速度の速い CPU は待たされる結果になります。そのため、CPU を効率的に利用する手段として、CPU と主記憶装置間に高速な**キャッシュメモリ**を置く方法が用いられます。**キャッシュメモリ**は、CPU から近い方から一次キャッシュ、二次キャッシュと呼びます。ただし、キャッシュメモリは、主記憶装置よりも高速な記憶装置ですが、容量が小さいために、利用したいデータをキャッシュメモリにいつも保存しているわけにはいきません。そのため、キャッシュメモリは、一度、CPU が主記憶装置から読み込んで使用したデータをキャッシュメモリに保存して、２回目からはキャッシュメモリから読み込んで使う方法を採ります。欲しいデータがキャッシュメモリに存在する確率を**ヒット率**と呼びます。

全体のアクセス時間は、主記憶装置とキャッシュメモリのアクセス時間とヒット率を使って、次の式から求められます。

アクセス時間 $(T) = T_{C1} \times P_1 + T_{C2} \times (1 - P_1) P_2 + T_M \times (1 - P_1)(1 - P_2)$

T_{C1}：一次キャッシュメモリのアクセス時間、

P_1：一次キャッシュメモリのヒット率

T_{C2}：二次キャッシュメモリのアクセス時間、

P_2：二次キャッシュメモリのヒット率

T_M：主記憶装置のアクセス時間

アクセス時間の計算を具体的な数値で求めてみると、次のようになります。

【例題】 下記の条件におけるアクセス時間を求めよ。

一次キャッシュメモリのアクセス時間＝1 ns、

一次キャッシュメモリのヒット率＝95 %

二次キャッシュメモリのアクセス時間＝10 ns、

二次キャッシュメモリのヒット率＝90 %

主記憶装置のアクセス時間＝100 ns

【解説】 アクセス時間は、下記の式で求められます。

$$\text{アクセス時間} = 1 \times 0.95 + 10 \times (1-0.95) \times 0.9 + 100 \times (1-0.95)(1-0.9)$$
$$= 0.95 + 0.45 + 0.5 = 1.9[\text{ns}]$$

(d)　誤り制御

ネットワークを通じてデータを伝送する際には、いろいろな原因によって途中でデータが壊れてしまう場合があります。そのため、誤りが発生したことを検出して、再送できるような仕組みが不可欠となります。そういった処理を行うのが**誤り制御**になります。

1)　パリティチェック方式

パリティチェック方式には、垂直パリティチェック方式、水平パリティチェック方式、水平垂直パリティチェック方式があります。**垂直パリティチェック方式**は、伝送方向に対して垂直方向に検査用のパリティビットを追加し、ビット列全体で奇数（奇数パリティ）か偶数（偶数パリティ）になるようにします。ただし、この方法では偶数個の誤りが発生した場合には検出できません。**水平パリティチェック方式**も、同様に、偶数個の誤りが発生した場合には検出できません。これらの方法は、誤りを検出して再送を行う場合に用いられます。

一方、**垂直水平パリティチェック方式**は、両方にパリティ検査符号という符合を加えて、全体として偶数または奇数にする方式です。ここでは、垂直水平パリティチェック方式で偶数パリティの例を**図表 3.3.1** で説明します。色が付けてある部分がパリティ検査符号で、水平垂直ともに偶数になるようにパリティ検査符号を付けて送信します。

図表 3.3.1　垂直水平パリティ方式偶数パリティの例

送信側データ

1	0	0	1	0
0	0	0	0	0
0	1	0	0	1
1	0	1	0	0
0	1	1	1	1

受信データ

0	0	0	1	1
0	0	0	0	0
0	1	0	0	1
1	0	1	0	0
1（×）	1	1	1	0

送信側では送信する際に水平方向と垂直方向のパリティを作成して、すべてを偶数として送信します。受信した際には受信側でも同じ演算をしますが、受信データ中に×がついたデータに誤りが発生したと仮定すると、一番左のパリティと一番下のパリティが不正となりますので、その交点のデータが０でなければならないというのがわかります。このように、垂直水平パリティ方式では、誤りを自動訂正できます。

2)　CRC 方式

CRC 方式は、巡回冗長検査（Cyclic Redundancy Check）という意味で、伝送するデータにあらかじめ定められた生成多項式によって検出用の冗長データを作成します。受信側でも同じ方法で CRC を作成し、送信された CRC が割り切れればデータに誤りがないと判断します。この方式では、演算が複雑となりますのでシステムへの負荷は増えますが、バースト誤りなどの検出が可能という特徴を持っています。

(e)　RAID

信頼性の高いシステムへの要求が強まっていますが、比較的安価なハードディスク装置を複数組合せて高速で信頼性の高いディスクシステムを構築する手法として RAID があります。**RAID** は、Redundant Arrays of Inexpensive Disks の略とされています。RAID には**図表 3.3.2** に示すような方法があり、それぞれ特徴があります。

図表 3.3.2　RAID の種類と特徴

RAID の種類	特徴
RAID0	データの読み書きの際に、データを分割して複数のドライブに同時に書き込む方法で、アクセス速度を高速化するストライピングが行われるので最も高速となるが、1 台でも使用不能になると、データは失われてしまう。
RAID1	2 台のドライブに同時に同じ内容を読み書きするミラーリングが行われるので信頼性は高くなる。しかし、2 台の場合には容量は 1 台の場合と同じになるが、読み書きするスピードは 1 台の場合よりも低下する。
RAID0＋1	RAID0 でストライプ化したものを、さらに RAID1 でミラーリングするので、最低 4 台が必要となる。
RAID3	RAID0 に 1 台追加して、ストライプ化したハードディスクにエラー訂正情報を書き込む方式で、どれか 1 台故障してもデータの復元が可能である。
RAID4	複数のディスクに書き込む際に、同時にエラー訂正情報を書き込むが、RAID3 ではビットかバイト単位で書き込むのに対して、RAID4 ではブロック単位で行うので高速になる。
RAID5	RAID5 は 3 台以上のハードディスクを使用し、RAID4 の機能に加えて、エラー訂正情報をすべてのハードディスクに分散して書き込む方式であり、使用例が最も多い方式である。
RAID6	RAID5 にパリティドライブを追加したもので、パリティの取り方で、2D－XOR と P＋Q がある。P＋Q がハードディスクごとの負担を軽減できるため、広く用いられている。

（2）　インターネット

インターネットは、米国防総省の国防高等研究計画局が開設した ARPANET（Advanced Research Project Agency Network）を起源としています。インターネットで使われている標準通信プロトコルは **TCP/IP** です。通信プロトコルに関しては、ISO で標準化が進められ、OSI 参照モデルという標準が作られています。TCP/IP は OSI 参照モデルを基にしていますが、それに忠実に作られたわけではなく、実際に即して作られた標準で、現在では TCP/IP がデファクト標準として国際的に通用しています。

(a)　OSI参照モデル

OSI参照モデルはISOによって定められており、**図表3.3.3**に示す通り、7つのレイヤ（階層）構造になっています。

図表3.3.3　OSI参照モデル

層	名称	機能
第7層	アプリケーション層	アプリケーション間の通信処理手順を規定
第6層	プレゼンテーション層	データの標準フォーマットを規定
第5層	セッション層	通信の開始・終了等の管理を規定
第4層	トランスポート層	通信するシステム間のチャンネルを規定
第3層	ネットワーク層	経路選択やアドレスの管理を規定
第2層	データリンク層	隣接する機器間の通信手順を規定
第1層	物理層	伝送媒体・コネクタ形状などを規定

TCP/IPは、先に示したとおり、OSI参照モデルに忠実に作られたわけではないため、そのプロトコルは1つの階層に対応するものだけではなく、複数の階層にまたがっているものも多くあります。たとえば、FTPやtelnetは、セッション層、プレゼンテーション層、アプリケーション層に対応するプロトコルになります。

(b)　TCP/IP

TCP/IPは、複数の通信プロトコルの集合体を意味する言葉です。TCP/IP通信プロトコルの中でも、主なものを下記に示します。

1)　HTTP（Hyper Text Transfer Protocol）

HTTPは、WebサーバとWebブラウザ間でコンテンツのやり取りをするためのプロトコルです。

2)　TCP（Transmission Control Protocol）

TCPは、IPの上位プロトコルで、確認要求や応答などを確保した信頼性の高い形のプロトコルであり、トランスポート層に属しています。

3)　UDP（User Datagram Protocol）

UDP は、IP の上位プロトコルで、信頼性よりも伝送効率を重視したコネクションレス形のプロトコルであり、トランスポート層に属しています。

4) IP (Internet Protocol)

IP は、経路制御のために必要な IP アドレスや、パケット分割と再構成などの転送プロトコルで、ネットワーク層に属しています。

5) POP3 (Post Office Protocol Version 3)

POP3 は、メールサーバに貯えられた電子メールを受信するためのプロトコルです。

6) SMTP (Simple Mail Transfer Protocol)

SMTP は、電子メールの送信や中継を行うためのプロトコルです。

7) PPP (Point to Point Protocol)

PPP は、2 地点間やルータ間の接続に利用されたり、プロバイダーにダイヤルアップしたりするためのプロトコルです。

8) Telnet (Telecommunication network)

Telnet は、ネットワークに接続されたコンピュータに接続して、遠隔操作を行うためのプロトコルです。

9) FTP (File Transfer Protocol)

FTP は、ファイルを転送するためのプロトコルです。

TCP/IP 通信では、パケットの形でデータを送受信します。**パケット**とは、ネットワーク層プロトコルで用いられるデータ伝送の単位で、伝送したいデータに TCP ヘッダと IP ヘッダが付加されています。**TCP ヘッダ**には、通し番号や誤り検出情報などが含まれていますし、**IP ヘッダ**には送信元や送信先の IP アドレスなどが示されています。**IP アドレス**は、TCP/IP ネットワークに接続されるコンピュータなどの機器に割り振られるアドレスで、IPv4 の場合には 32 ビットです。最近ではアドレス不足が問題になってきていましたので、128 ビットの IPv6 が新しく開発されました。

(c)　IPv4とIPv6

TCP/IP通信では、パケットの形でデータを送受信します。パケットには伝送したいデータにTCPヘッダとIPヘッダが付加されていますが、TCPヘッダには、通し番号や誤り検出情報などが含まれていますし、IPヘッダには送信元や送信先のIPアドレスなどが示されています。IPアドレスは、TCP/IPネットワークに接続されるコンピュータなどの機器に割り振られるアドレスで、IPv4の場合には32ビットで、約43億個のアドレスが使えます。

IPv4では、8ビットずつ「.」(ドット)で区切って、10進数を4つ連ねるドット付き10進表記で示すことが多くあります。

例として、次のIPv4アドレスをドット付き10進表記で示すと次のようになります。

11000000101010000001111110101100

↓

11000000.　10101000.　00011111.　10101100

それぞれは次の計算で10進法に変換します

$11000000_2 = 1\times 2^7 + 1\times 2^6 = 128 + 64 = 192$

$10101000_2 = 1\times 2^7 + 1\times 2^5 + 1\times 2^3 = 128 + 32 + 8 = 168$

$00011111_2 = 1\times 2^4 + 1\times 2^3 + 1\times 2^2 + 1\times 2^1 + 1\times 2^0 = 16 + 8 + 4 + 2 + 1 = 31$

$10101100_2 = 1\times 2^7 + 1\times 2^5 + 1\times 2^3 + 1\times 2^2 = 128 + 32 + 8 + 4 = 172$

よって、ドット付き10進表記では192.　168.　31.　172となります。

なお、最近ではアドレス不足が問題になってきたため、128ビットのIPv6に移行しようとしています。IPv4では、アドレスにクラスという概念があり、多くのアドレスが使える方からA、B、Cのクラス分けがなされていました。しかし、アドレスの申請が増加したため配布するクラスがなくなり、小さなブロックごとにアドレスを割り当てるCIDR (Classless Inter-Domain Routing) という方法を用いていました。一方、**IPv6**ではそのクラスの概念は排除されました。IPv6のヘッダ構造は、IPv4のヘッダ構造の中から必要がないフィールドが削られ、大幅に簡略されました。

IPv6のアドレス表記は先頭から16ビットごとに区切って16進法に変換し、それらを「：」で区切ってつなぐ方式で行われます。このように、アドレスが長いので、各区切りの先頭から1の位の前までの0は省略できるとなっています。具体的な例で示すと次のようになります。

2003：02ab：0000：0001：0000：0000：00a1：912d

↓

2003：2ab：0：1：0：0：a1：912d

なお、0が複数回続く場合には：：として括ることができますが、それが使えるのは、1つのアドレスで1回限りとされています。その理由は2箇所以上使うと、それぞれの省略箇所でいくつの0を省略したのかがわからなくなるからです。

(d) インターネットセキュリティ

インターネットでは、公開されたプロトコルで通信が行われているために、容易に世界中の情報にアクセスできるというメリットがあります。しかし、それを悪意に利用する場合には、不正アクセスやウィルス脅威などの問題が発生します。そのため、それらのリスクに対しての対策が現在不可欠となっています。

1) 情報脅威

情報脅威にはさまざまなものがありますが、その中からいくつかを示します。

a) ハッカーとクラッカ

ハッカーはコンピュータやネットワークに精通した人で、知的好奇心から違法行為を行います。一方、**クラッカ**は、高度な知識を持ったコンピュータ犯罪のプロを指す言葉で、悪意や犯罪意識を持って行動する人を指します。

b) コンピュータウイルス

コンピュータウイルスは、コンピュータに侵入して、ファイルの消去を行ったり、プログラムの破壊や初期化などのシステム破壊を行ったりするプログラムの総称です。WordやExcelなどのマクロ命令の中にウィルスを忍ばせたものや、潜伏機能を持っており何らかの引金で発病するものなどがあります。最近では、プログラムの不具合などによる弱点である**セキュリティホール**を攻撃して、ウィルスを撒き散らすウィルスが増加しています。

c)　サービス妨害攻撃

サービス妨害攻撃は**DoS攻撃**ともいわれ、セキュリティホールをついて、サービス提供者がサービスをできなくしてしまう攻撃手法です。具体的には、ホームページの改変や一斉に大量のメールを１つのコンピュータに送信して、システムをダウンさせる方法などがあります。

d)　なりすまし

なりすましは、他人のIDやパスワードを盗み出して、その所有者になりすまして不正行為を行うものです。法人が所有する個人情報を盗み出したり、物品販売において詐欺行為を行ったりするような場合がそれにあたります。

e)　ランサムウェア

ランサムウェアとは、身代金（Ransom）とソフトウェア（Software）を組み合わせた用語で、このコンピュータウイルスに感染すると、パソコン内に保存しているデータを勝手に暗号化されたり、パソコンを強制的にロックして使えなくしたりします。それを解除するために、身代金を要求する画面の表示をします。

2)　不正アクセス対策

最近では、ネットワークへの不正アクセスが問題となっていますので、そういった不正アクセスを防ぐ対策が必要となっています。

a)　共通鍵暗号方式

共通鍵暗号方式は、暗号化と復号化の両方に同じ鍵を用いる方法ですので、鍵を送信先に安全に渡す必要があります。鍵を秘密にするために、秘密鍵暗号方式ともいいます。DESはその代表的な方式です。**DES**は、データを56ビットの鍵長と８ビットのパリティビットの64ビット毎に区切って、暗号化と復号化を行います

b)　公開鍵暗号方式

公開鍵暗号方式は、暗号化と復号化に異なる鍵を用いる方式で、暗号化に**公**

開鍵を使い、復号化に秘密鍵を使います。RSAはその代表的な方法です。**RSA**は、大きな数の素因数分解に要する時間が長くかかることをベースに作られた暗号方式で、開発したメンバーのRonald Rivest、Adi Shamir、Len Adlemanの頭文字を取って命名されています。

c） IPsec

IPsecは、TCP/IP通信において、認証と暗号化の機能を付加して、改ざんや盗聴の対策を行うプロトコルです。

d） SSH（Secure SHell）

SSHは、セキュリティが低いネットワーク上において、遠隔で他のコンピュータを利用する場合に、セキュリティが高い遠隔ログインやデータ転送を実現させるプロトコルです。認証と暗号化の機能を持っており、認証にはRSA暗号やCHAPを使った認証を用い、暗号化にはDESやIDEAのような共通鍵暗号を用います。

e） SSL（Secure Sockets Layer）

SSLは、WWWサーバ間でやり取りをするデータのセキュリティを確保するための、暗号化と認証機能を持っています。当初は、HTTPを用いて暗号化通信を行うために開発されたプロトコルでしたが、現在はHTTPのみを対象としているのではなく、FTPやtelnetなど多くのアプリケーションに適用することができます。

f） ファイアウォール

ファイアウォールは、LANとインターネットを接続する場合に、インターネット側（外部）からの攻撃や不正侵入が行われないようにする装置の総称です。

g） パスワード

パスワードは、システムのログインやデータベースのアクセスの際に、正当な使用者かどうかを確認するために、ユーザIDと組み合わせて使う数字や文字列の符号です。通常は設定変更をしない限り繰り返し使いますが、ユーザ認証の際に入力するパスワードを毎回異なるものにして、同じものが複数回送信されないようにする**ワンタイムパスワード**という技術もあります。この場合は、暗号化されたパスワードをあらかじめ保存しておく方法とは違い、パスワードは毎回生成されます。

h）バイオメトリック認証

バイオメトリック認証は、人間の体の一部を使って認証を行う方法をいいます。この方法では、判定の精度が高くなりますが、プライバシーの点でユーザに抵抗感を持たれる場合があります。具体的には、指紋や掌形、網膜、瞳、顔などの認証方法が用いられています。

i）PKI（Public Key Infrastructure）

PKI は、公開鍵基盤と訳され、公開鍵暗号を用いてデータの暗号化や身分証明、デジタル署名を行う仕組みです。

j）デジタル署名

デジタル署名は、電子商取引で、データが正しい送信者から送られてきたか、送信内容が途中で改ざんされていないかなどを証明する手法です。

k）デジタル証明書

デジタル証明書は、ネットワーク上での身分証明を行う手法で、公開鍵と秘密鍵、属性情報からなり、通常は**認証局**で発行されたものが用いられます。

l）SET（Secure Electronic Transaction）

SET は、インターネット上で安全な電子決済手段を提供するために開発されたもので、ユーザが販売店に送る発注関連の情報と、金融機関に送る決済情報を完全に分離している点が特徴となっています。これによってユーザは、クレジットカード番号を販売店に見せないで決済することができます。

m）WEP（Wired Equivalent Privacy）

WEP は、IEEE802.11 無線 LAN 用のデータ暗号化機能で、共通暗号方式を使って、暗号化は MAC 層で行います。暗号化の実装に問題があるため、解読に対する堪能性が低いという問題があります。そのため、WPA（Wi-Fi Protected Access）への代替が進められています。

第 4 章

解析に関するもの

技術士は科学技術に関する高等の専門的応用能力を持った人ですが、科学技術の中でも、技術士に最も関係が深いのが自然科学です。自然科学は、自然現象の法則性を明らかにする学問なので、複雑な自然現象を単純化して、法則性をわかりやすい形にして示す技術が必要となります。現象のなかにある法則を見つけて示すのが物理理論になりますが、その理論を数学的な手法で解明するのが「解析」という技術になります。技術士が対象としているものの多くが自然法則を用いていることから、技術士にとって「解析」は不可欠な技術知識といえます。基礎科目の「解析」においては、微分や偏微分などの数学解析を用いた問題や、力学などの物理学の知識を必要とする問題が多く出題されています。物理学という点では、力学などの問題が出題されていますが、電磁気学は1度だけしか出題されてなく、過去には熱流体力学の問題が出題されていました。そのため、この章では、①計算力学、②力学、③電磁気学・熱力学に加えて、数学の行列やベクトル、偏微分などに関する、④数学の基礎知識についてもポイントを説明しています。

1. 計算力学

これまでは、自然現象を解明するために実験解析が行われ、その結果をもとにして理論解析を実施する方法が中心となっていました。物理学の中で、多く利用される力学を例にして具体的に説明すると、**理論力学**と**実験力学**がこれまで多く解析技術として利用されてきました。しかし、最近になってコンピュータ技術が急速に発展するのに伴って注目を集めてきているのが、**計算力学**です。最近は高速で複雑な解析をパソコンレベルのコンピュータを安価に使えるようになったことから、発生した現象を比較的容易に解明できるようになっただけではなく、さまざまなデータから新たに発生すると考えられる現象を予測できるようにもなってきています。このように、最近では**図表 4.1.1** に示した、実験力学、理論力学、計算力学の３つを相互に利用しながら、さらに詳細な解析が実施されるようになりました。

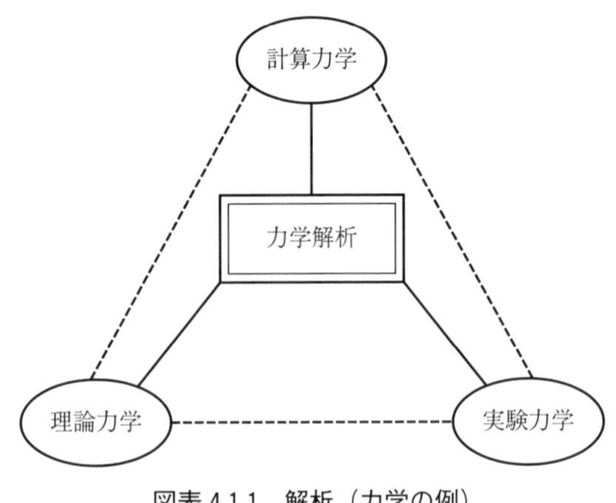

図表 4.1.1　解析（力学の例）

計算力学の基本的な手法は、基本となる方程式（数理モデル）を離散化して、コンピュータで解きやすい離散化方程式を作り、コンピュータを使ってその離散化方程式を解くことによって、近似解を求めるという手順で行われます。基本となる方程式の例としては、流体運動ではナビエ - ストークス方程式になりますし、電磁気であればマクスウェルの方程式になります。

離散化とは、連続ではないといった意味であり、連続な関数で表された基本方程式を離散的な代数方程式（離散化方程式）によって表す手続きのことです。具体的な離散化方程式として、連立一次方程式があります。離散化の手法としては、空間系に対しては、差分法、有限要素法、境界要素法が用いられます。また、時間系に対しては、陽解法や陰解法が用いられます。それらを図に示すと、**図表4.1.2**のようになります。

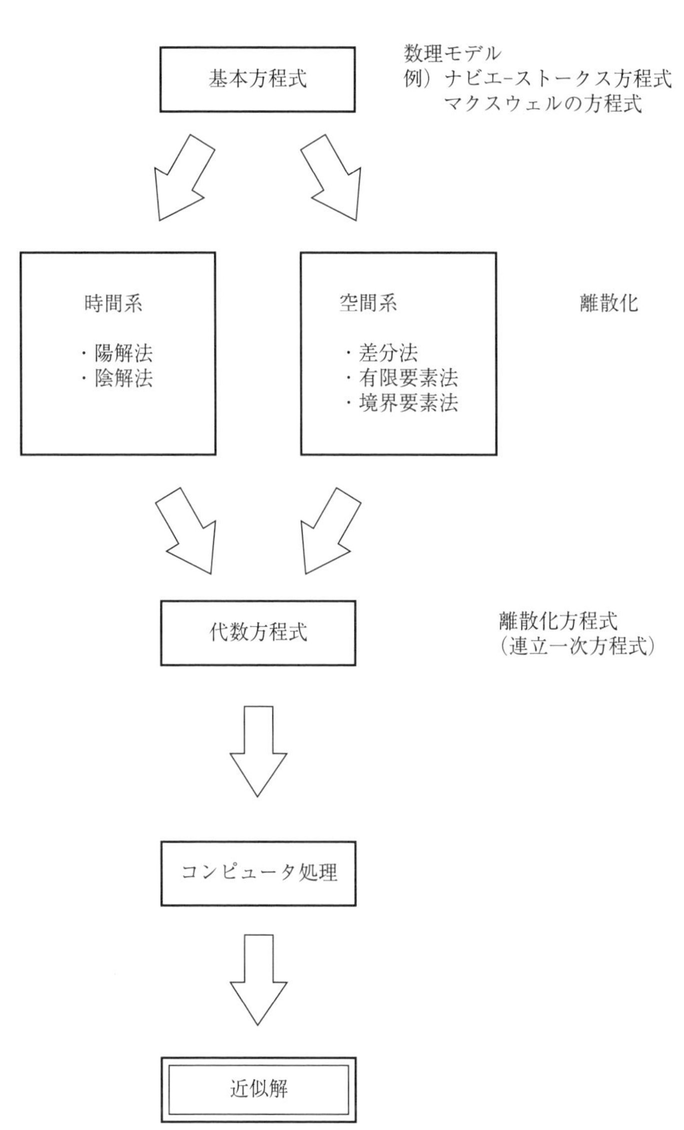

図表4.1.2　計算力学の流れ

ですから、計算力学を実施するためには、**図表 4.1.3** に示すような分野の横断的な知識と協調が必要となります。

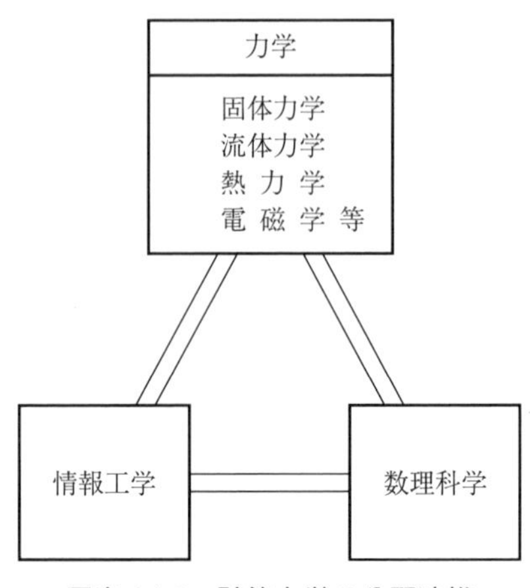

図表 4.1.3　計算力学の分野連携

このように、数理科学や情報工学を利用して、力学分野の解析を実施するのが計算力学です。実際に利用される分野として、固体力学では材料力学、構造力学、地盤力学などがあげられます。また、流体力学では流体機械学、空気力学、気象学などがありますし、熱力学では熱伝達や物質移動などがあります。電磁気学としては磁気学や音響学などがあります。

それでは、これから離散化の手法の基本について、個別に説明をしていきます。

(1) 差分法

差分法は、解析空間を**図表 4.1.4** に示すような座標軸方向に平行な直交格子によって分割し、各格子点で定義される導関数を差分によって近似し、差分方程式を作成して解く方法です。

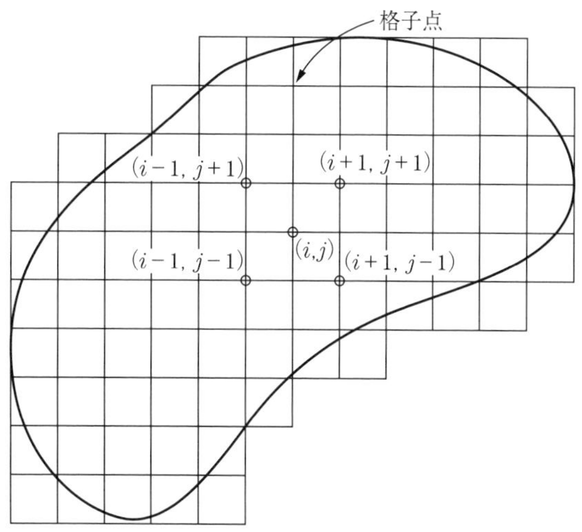

図表 4.1.4　差分法の格子分割

導関数（u）を差分によって近似すると、次のようになります。ここでは格子幅を h とします。

$$\frac{\mathrm{d}u}{\mathrm{d}x} = \lim_{h \to 0} \frac{u(x+h) - u(x)}{h} \cong \frac{u(x+h) - u(x)}{h}$$

図表 4.1.4 は、二次元平面問題を例としており、x 軸方向を i 番目、y 軸方向を j 番目として格子点を定義してあります。差分法は、このように領域を構造格子と呼ばれる正方格子で分割するのが原則となっているため、複雑な境界形状をした領域を扱う場合には、近似が十分にできないという欠点をもっています。しかし、手法としては単純であり汎用性も高いことから、計算力学の初期から広く用いられている手法です。

時間方向の差分の方法には、次のような方法があります。

①　前進差分（**図表 4.1.5** の①）

前進差分を式で表すと、次のようになります。

$$\frac{f_{i+1} - f_i}{\Delta t}$$

② 後退差分（図表 4.1.5 の②）

後退差分を式で表すと、次のようになります。

$$\frac{f_i - f_{i-1}}{\Delta t}$$

③ 中心差分（図表 4.1.5 の③）

中心差分を式で表すと、次のようになります。

$$\frac{f_{i+1} - f_{i-1}}{2\Delta t}$$

前進差分と後退差分は時間に関して 1 次精度、中心差分は時間に対して 2 次精度になります。

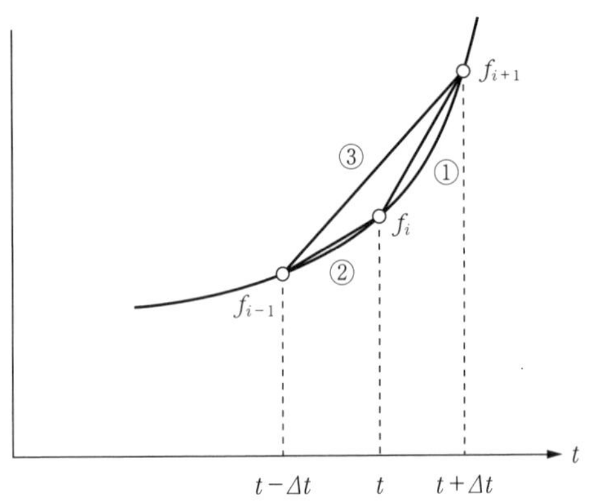

図表 4.1.5 時間方向の差分法

（2） 有限要素法

有限要素法は、もともと航空機の構造解析のために開発された数値解析手法です。**図表 4.1.6** に示すとおり、有限要素法では領域を要素（有限要素）と呼ばれる部分領域に分割します。

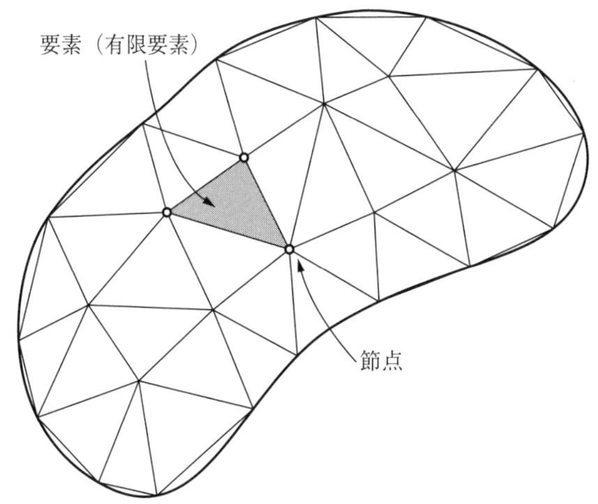

図表 4.1.6　有限要素法の要素分割

格子点を**節点**と呼び、節点における未知変数の関係を行列およびベクトルで表します。対象物が２次元であれば三角要素で近似しますが、３次元であれば、直方体要素や四面体要素で近似します。この要素ごとに作成された行列およびベクトルを単純に重ね合わせることにより、未知量を近似します。差分法では、導関数を差分商によって近似して微分方程式を直接解いているのに対して、有限要素法では、微分方程式を**弱形式**と呼ばれる積分形式に変換して間接的に解きます。有限要素法は、差分法とは違って、複雑な境界があっても比較的容易に要素分割が可能である点が大きな特徴になっています。さらに有限要素法は、非線形問題や時間依存型問題の取り扱いにも優れています。有限要素法での解析精度を上げるには、次のような方策があります。

①　解の変化が大きな領域の要素分割を細かくする

②　高次元要素を用いて要素分割する

③　できるだけゆがんだ要素ができないように要素分割する

④　複数の要素分割方法で解析を行って結果を比較する

⑤　丸め誤差を小さくするために浮動小数点演算の精度を上げる

（3） 境界要素法

境界要素法は、**図表 4.1.7** に示すとおり、要素分割を領域境界のみで行う方法です。

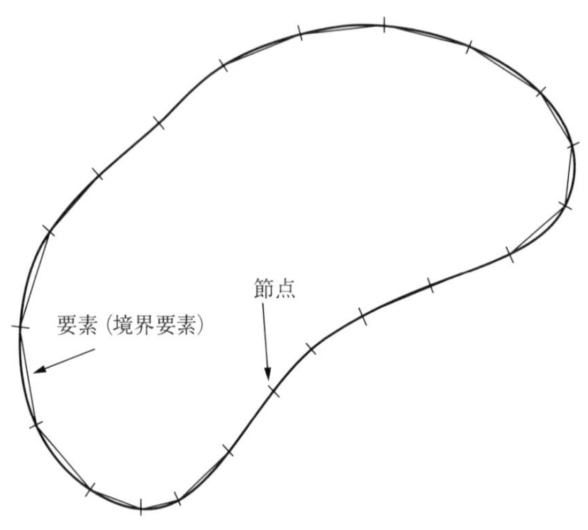

図表 4.1.7　境界要素法の要素分割

境界要素法は、領域境界を節点で要素（境界要素）に分割し、境界を支配している微分方程式をいったん積分方程式で表現して近似解を求める手法です。境界要素法の場合で二次元問題であれば、図表 4.1.7 を見るとわかるとおり、一次元の直線問題にすることができます。このように、境界要素法では、解析しなければならない問題の次元を一次元減らして処理することができます。境界要素法は、有限要素法と同様に、任意の形状や複雑な形状に対しても領域分割の煩わしさがない手法です。境界要素法の定式化には**間接法**と**直接法**がありますが、直接法が一般に広く用いられています。境界要素法は、地盤内の波動伝播などのような無限領域を扱う問題に適しています。また、応力集中などの場合にも用いられます。

(4)　重み付き残差法

重み付き残差法は、有限要素法と境界要素法で用いられる手法で、もともとはエネルギー原理が存在する構造分野で開発され発展してきた数値解析技術です。重み付き残差法の基本的な考え方は、基本方程式を厳密に解くのをあきらめて、平均的に基本方程式を満足するような解を求める方法です。基本方程式を線形独立なN個の関数の組（基底関数）で近似し、近似解を求めます。近似解を基本方程式に代入すると**残差**を生じます。残差は関数として表せますが、残差は一般に0とはなりません。この残差に重み関数を乗じて解析域全体で積分したものを重み付き残差といいます。

重み付き残差法には、重み関数の選び方によっていくつかの方法がありますが、その中から代表的なものを次に示します。

(a)　選点法

選点法は、重み関数にディラックのデルタ関数を用いる方法で、領域内のN個の点で、重み付き残差が0となるようにする解を求める手法です。当然、Nを大きくしていけば近似解の精度はあがります。

(b)　モーメント法

モーメント法は、重み関数として、$1, x, x^2, x^3$、…を用い、残差の高次モーメントを逐次零にする方法で、層流境界層や非線形過渡拡散問題に用いられます。

(c)　ガラーキン法

ガラーキン法は、重み関数に未知の基底関数を用いる方法で、微分作用素が非線形であっても適用が容易な方法です。

重み付き残差法には、上記以外にも最小2乗法や部分領域法などがありますが、<u>ガラーキン法はこれらの中では1桁精度が高い解が得られる方法</u>ですし、非線形問題にも適用できるという点から、最も広く利用されています。

数値解析で、与えられたデータ群を多項式で補間する場合があります。具体的には、調査データなどで得られたデータを使って多項式を見つける場合などです。そういった内容を扱った例題を下記に示します。

【例題】 $f(-1)=2$、$f(0)=2$、$f(2)=8$ が与えられたとき、2次の補間多項式で近似したとき、$f(1)$ の値はいくつになるか。

【解説】 補間多項式を $f(x)=ax^2+bx+c$ で近似すると、問題文から次の式が導けます。

$$f(-1)=a-b+c=2 \quad \cdots\cdots(1)$$

$$f(0)=c=2 \quad \cdots\cdots(2)$$

$$f(2)=4a+2b+c=8 \quad \cdots\cdots(3)$$

(2)を(1)に代入すると、$a-b=0 \ \rightarrow \ a=b \quad \cdots\cdots(4)$

(2)と(4)から(3)は、$4a+2a+2=8 \ \rightarrow \ 6a=6 \ \rightarrow \ a=1$

以上より、補間多項式は $f(x)=x^2+x+2$ とわかりますので、$f(1)$ は次のようになります。

$$f(1)=1+1+2=4$$

(5) 陽解法と陰解法

時間に関する離散化では陽解法や陰解法が用いられます。これらは、基本的には差分法を用いています。**陽解法**は、過去の情報のみで次の時刻の量を求める方法です。一方**陰解法**は、前進差分の代わりに後退差分を用いて、未来の情報から時間積分を行う方法です。

陽解法は連立一次方程式を直接解かないために、ステップ当たりの計算時間が短いという長所を持っています。また、コンピュータの記憶容量が少なくてすみますので、能力の低いコンピュータでも大規模な計算が可能となります。

陰解法は、無条件安定となりますので、微小時間増分を大きく取ることができます。しかし、連立一次方程式を直接解くために、大きな記憶容量を持った能力の高いコンピュータを用いる必要があります。熱伝導方程式や拡散方程式などの放物線型方程式の場合には、陰解法が有利になります。

（6） 順解析と逆解析

計算力学は、最初に説明したとおり、基本方程式を離散化して離散化方程式をコンピュータによって解く手法です。この基本的な流れにそって解法を行う方法を**順解析**（順問題）といいます。それに対して、実際の保守点検などの業務では、境界条件や初期条件が未知であるのが一般的です。しかし、その設備や機器の形状や材質は事前にわかっているので、その材質の中に亀裂がある場合にはどのような音になるのか、またはどういった波形がでるのかが想定できます。このように、ある現象から装置や機器内部の亀裂の存在や位置、大きさなどを求める方法を**逆解析**（逆問題）といいます。超音波非破壊検査法などはこの例になります。ただし、結果から原因を求める逆問題は、順問題と比べて数値的な取り扱いが格段に難しくなります。

（7） 支配方程式

物理現象を表す支配方程式の多くは、２階の偏微分方程式で表されます。その偏微分方程式は、次の３つの型に分類されます。これらの型の違いによって解の性質が大きく異なりますので、ふさわしい離散化の方法も異なってきます。

(a)　放物線型

放物線型の微分方程式の典型といえば、熱伝導方程式や拡散方程式になります。具体的な問題としては、熱力学問題であれば、物体における熱伝導問題や非定常熱伝導問題になり、物質の拡散問題もここに含まれます。

(b)　双曲線型

双曲線型の微分方程式の典型といえば、波動方程式になります。具体的な問題としては、水面波、電波、音波、地震波などの波動問題が現実の問題として存在しています。それ以外にも移入問題やばねの振動問題など非常に多くの問題が双曲線型になります。

(c)　楕円型

楕円型の微分方程式の典型といえばラプラス方程式になります。具体的な問題としては、流体問題であれば渦なし流れ問題になりますし、物質の濃度であれば定常拡散問題になります。また、熱力学問題であれば定常熱伝導問題になり、力学では弾性問題、ひずみと変位の関係、応力のつりあい問題などがあります。

（8） ニュートン・ラフソン法

ニュートン・ラフソン法は、高次方程式の近似解を求めるときによく用いられます。ニュートン・ラフソン法のアルゴリズムは大変シンプルで、次のようになります。

① 目的の解に近い初期値 x_0 を設定する

② x_0 における接線を引く

③ 接線と x 軸との交点を求め x_1 とする

④ x_1 を新しい初期値として②に戻る

このアルゴリズムを図示すると、**図表 4.1.8** のようになります。この繰り返し回数が多くなるほど、真の x 値に近くなります。

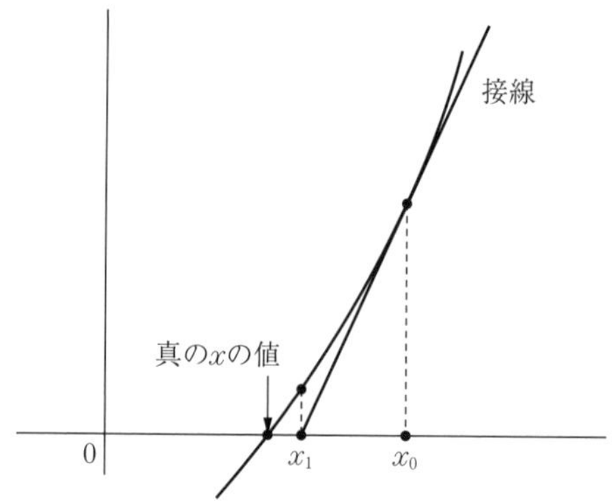

図表 4.1.8　ニュートン・ラフソン法

（9） コンピュータ

計算力学の基本は、離散化された方程式をコンピュータで解き、近似解をシミュレーションするという手法です。そのために、コンピュータによる高速な処理が求められます。その方法の1つとして、複数のコンピュータを用いた並列処理による高速化手法があります。並列処理の場合の効果を計るためには、**並列化効率**と**処理速度向上率**という2つの指標があり、それぞれ次の式で定義されます。

$$\text{並列化効率} = \frac{\text{1台のコンピュータによる計算時間}}{\text{n台のコンピュータによる計算時間} \times n} \times 100\ \%$$

$$\text{処理速度向上率} = \frac{\text{n台のコンピュータによる処理速度}}{\text{1台のコンピュータによる処理速度}}$$

$$= \frac{\text{1台のコンピュータによる計算時間}}{n\text{台のコンピュータによる計算時間}}$$

並列化効率は、n 台のコンピュータで完全に並列処理ができれば100％となり、処理速度向上率は n 倍になりますが、実際には並立化できない部分がありますのでそうはなりません。それに関しては**アムダールの法則**があります。ここで、並列化できる部分の割合を p（$p<1$）として、n 台のコンピュータを使う場合に、**処理速度向上率**（a）の式を表すと次のようになります。

$$a = \frac{n}{(1-p)n+p}$$

具体的な数字で説明すると、5台のコンピュータを使って処理する場合で、並列化できる部分が90％であったときの計算は次のようになります。

$$a = \frac{5}{(1-0.9) \times 5 + 0.9} = \frac{5}{0.5+0.9} = \frac{5}{1.4} \fallingdotseq 3.57$$

このように、5台のコンピュータを並列に使ったとしても、実際には処理速度は5倍になるわけではなく約3.57倍になります。

以上、計算力学について一般的な説明を行いました。基礎科目では、コンピュータを試験会場に持ち込んで、実際に計算力学問題を解法するという問題は出題できませんので、これまでも計算力学の基礎事項についての正誤判別問題が出題されています。

2. 力学

解析を必要とする物理学の現象の中で、大きな比重を占めるものとして力学があります。力学とは、基本的に運動の法則と力の法則に基づいて物体の運動を研究する学問ということができるでしょう。その中で、基礎科目の問題として出題される可能性がある分野としては、主に運動、振動、エネルギー、応力とひずみ、慣性モーメントなどの内容になると考えられますので、そういった点についてここで基礎を再確認しておきましょう。

(1) 運動

運動は、物体の位置の時間的変化といえます。物体の位置を表す方法として、位置ベクトルを用いる方法があります。位置ベクトルは時刻tの関数として表せます。空間座標系で、時刻tにおける物体の位置座標を $(x(t),\ y(t),\ z(t))$ とすると、位置ベクトルは次のように表せます。

$$\boldsymbol{P}(t)=(x(t),\ y(t),\ z(t))$$

また、速度は位置ベクトルの時間変化率ですので、速度は次のように表せます。

$$\boldsymbol{V}(t)=(V_{\mathrm{x}},\ V_{\mathrm{y}},\ V_{\mathrm{z}})=\frac{\mathrm{d}\boldsymbol{P}(\mathrm{t})}{\mathrm{d}t}=\left[\frac{\mathrm{d}x}{\mathrm{d}t},\ \frac{\mathrm{d}y}{\mathrm{d}t},\ \frac{\mathrm{d}z}{\mathrm{d}t}\right]$$

速度の大きさは、次のように表せます。

$$V=|\boldsymbol{V}|=\sqrt{V_{\mathrm{x}}{}^2+V_y{}^2+V_{\mathrm{z}}{}^2}$$

さらに加速度は、次のように表せます。

$$\boldsymbol{a}(t)=(a_{\mathrm{x}},\ a_{\mathrm{y}},\ a_{\mathrm{z}})=\frac{\mathrm{d}\boldsymbol{V}(t)}{\mathrm{d}t}=\left[\frac{\mathrm{d}V_{\mathrm{x}}}{\mathrm{d}t},\ \frac{\mathrm{d}V_{\mathrm{y}}}{\mathrm{d}t},\ \frac{\mathrm{d}V_{\mathrm{z}}}{\mathrm{d}t}\right]$$

$$=\frac{\mathrm{d}^2\boldsymbol{P}(t)}{\mathrm{d}t^2}=\left[\frac{\mathrm{d}^2x}{\mathrm{d}t^2},\ \frac{\mathrm{d}^2y}{\mathrm{d}t^2},\ \frac{\mathrm{d}^2z}{\mathrm{d}t^2}\right]$$

運動に関する最も重要な法則として、**ニュートンの運動法則**がありますので、その内容を確認しておきましょう。

①　運動の第１法則（**慣性の法則**）

すべての物体は外部からの力の作用を受けなければ、その速度を保ちつづける。すなわち、静止または一様な直線運動をする物体は、これに力が作用しない限り、その状態を持続する。

②　運動の第２法則（ニュートンの運動方程式）

運動の加速度は、その物体に作用する力に比例し、その物体の質量に反比例する。

③　運動の第３法則（**作用反作用の法則**）

作用は常に反作用と逆向きで、それらの大きさは等しい。

運動の第２法則は、物体の運動を決定するニュートンの運動方程式に関するものですが、それ以外にも運動方程式にはいろいろなものがあります。それらを整理してみると以下のようになります。

①　**ニュートンの運動方程式**

ニュートン力学の基礎となる方程式で、物体の質量と加速度、物体に働く力の関係を表したものである。

$\boldsymbol{F}=m\boldsymbol{a}$　　$\boldsymbol{F}$：働く力、m：物体の質量、$\boldsymbol{a}$：加速度

②　**オイラーの運動方程式**

剛体の回転運動を決定するための方程式で、固定点のまわりの回転や、重心の並進運動を分離したときの重心のまわりの回転に適用される。

③　**ナビエ - ストークス方程式**

流体の密度、粘性率、速度、圧力、単位質量に働く外力の関係を表した非線形方程式で、特別な場合を除いて厳密解はない。

④　**オイラー方程式**

完全流体中の点で、時刻 t における速度、圧力、密度、単位質量の流体に働く外力の関係を表した微分方程式である。

なお、物体の運動を考える場合に忘れてはならないものとして**摩擦**があります。摩擦力は、接触した2物体間の接触面に平行に働く力であり、運動を阻止しようとする方向に働きます。摩擦力には、**静止摩擦力**と**運動摩擦力**（動摩擦力）があります。物体の摩擦力は、接触面積に無関係で、物体に作用する垂直抗力に比例します。

（2） 振動

物体においては、それを変形させようとすると、それを元に戻そうとする復元力が同時に働きます。そのような物体の復元力を弾力といいます。**弾力**は、**フックの法則**（弾性体のひずみは応力に比例する。）に基づいており、弾性限界内においては変形量に比例しますので、次の式で表せます。

$$F = -kx$$

F：弾力、x：変形量、k：弾性定数（ばね定数）

この性質を用いたものの代表としてばねがあります。ばねにおいては、次のような関係式が成り立ちます。なお、式で使用される文字の意味は、次のとおりです。

m：物体の質量[kg]、k：ばね定数[N/m]、力：F[N]

ω_n：固有角振動数、x：変位[m]

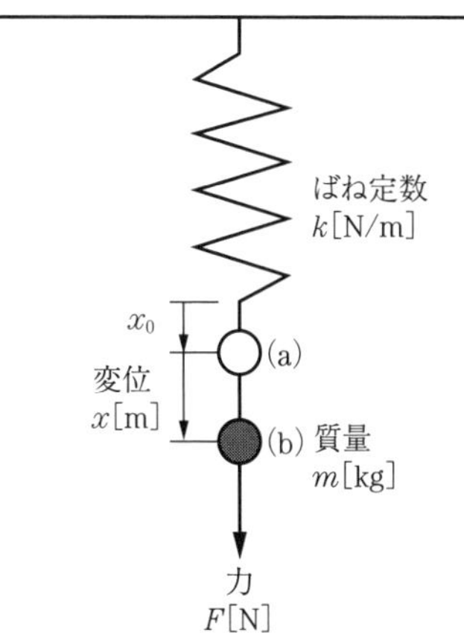

図表 4.2.1　ばねのつり合い

(a)　力を加える前のつりあいの関係（図表 4.2.1 (a) の位置）

ばねに質量 m の物体をつけた時のつりあい関係は、物体をつける前からのばねの変位を x_0 とすると、次の式で表せます。

$$mg = kx_0$$

(b)　外力を加えた時の質点の運動量（図表 4.2.1 (b) の位置）

質量 m の物体の下向きに力 F を加えた場合のつりあいの関係は、次の式で表せます。

$$mg + F = k(x + x_0)$$

(c)　複数ばねのばね定数

ばね定数が同じ複数のばねを使った場合のばね定数は**図表 4.2.2** のようになります。

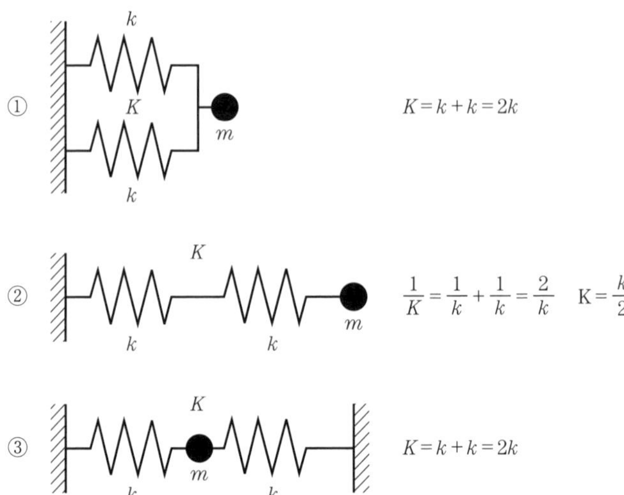

図表 4.2.2　複数ばねのばね定数

(d)　ばねの振動

図表 4.2.1 の（b）の状態から力 F を急に取り除くと、ばねは振動運動を始め、物体は鉛直方向に繰返し振動を続けます。この場合には、振動の中でも最も簡単な、**単振動**を行います（**図表 4.2.3** 参照）。

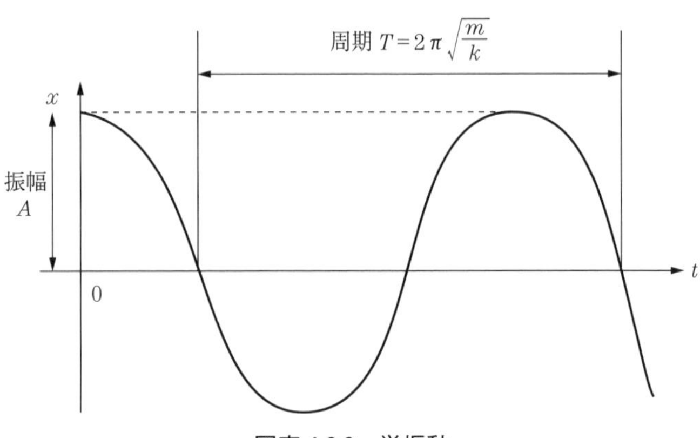

図表 4.2.3　単振動

$$m\frac{d^2x}{dt^2}=-kx \qquad t=0 \text{ のとき } F=kx$$

単振動における振動の大きさを振幅と呼び、A で表すとします。この場合の角速度は次の式で表せます。

$$\omega_0=\sqrt{\frac{k}{m}}$$

単振動の周期 T は次の式で表せます。

$$T=2\pi\sqrt{\frac{m}{k}}$$

単位時間当たりの振動数 f は次の式で表せます。

$$f=\frac{1}{T}=\frac{1}{2\pi}\sqrt{\frac{k}{m}}$$

この単振動を式であらわすと、次のようになります。

$$x=A\cos(\omega_0 t+\alpha) \qquad \alpha\text{：初期位相}$$

(e)　単振子

おもりを長い糸でつるして、それを鉛直面内で振動させると単振子運動を行います。(**図表 4.2.4** 参照)。

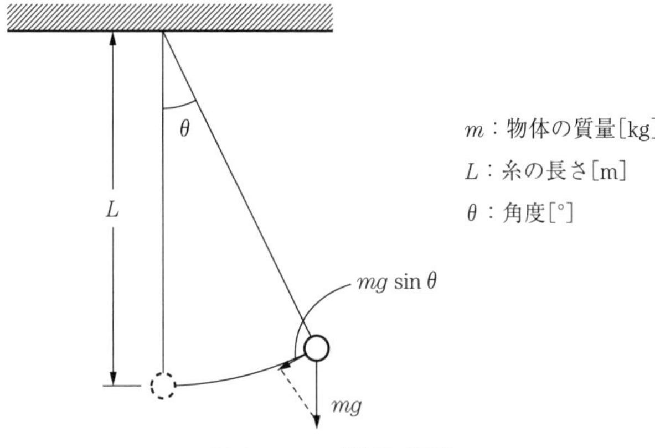

図表 4.2.4　単振子運動

おもりの運動方程式は次の式で表せます。

$$mL\frac{\mathrm{d}^2\theta}{\mathrm{d}t^2}=-mg\sin\theta$$

$$\frac{\mathrm{d}^2\theta}{\mathrm{d}t^2}=-\frac{g}{L}\sin\theta$$

振子の振れが小さい場合には、$\theta \fallingdotseq \sin\theta$ と近似できますので、上記式は次のように書きなおせます。

$$\frac{\mathrm{d}^2\theta}{\mathrm{d}t^2}=-\frac{g}{L}\theta$$

この場合の角速度（ω_0）は、次のようになります。

$$\omega_0=\sqrt{\frac{g}{L}}$$

単振動の周期（T）は、次の式で表せます。

$$T=2\pi\sqrt{\frac{L}{g}}$$

この単振動を式で表すと、次のようになります。

$x=\theta_0\cos(\omega_0 t+\alpha)$

α：初期位相、θ_0：振れの最大角

単位時間あたりの振動数fは、次の式で表せます。

$$f=\frac{1}{T}=\frac{1}{2\pi}\sqrt{\frac{g}{L}}$$

この式から、振子の場合には振動周期が振幅や質量によらないのがわかります。これを振子の等時性といいます。振動現象に関する微分方程式を誘導する方法として、ラグランジュの方程式を用いる方法、ニュートンの第２法則を用いる方法、ダランベールの原理を用いる方法があります。

（3）　エネルギー

運動する物体は運動エネルギーを持っています。運動エネルギーは、次の式で表されます。

$$\textbf{運動エネルギー}(K)=\frac{1}{2}\times(\text{運動する物質の質量})\times(\text{速さ})^2$$

$$=\frac{1}{2}mv^2$$

また、物質は位置エネルギーも持っており、それは次の式で表されます。

位置エネルギー$(U)=$（物質の質量）×（重力加速度）×（高さ）$=mgH$

物体の力学的エネルギーは、次のようになります。

力学的エネルギー$(E)=$運動エネルギー$(K)+$位置エネルギー(U)

力学的エネルギーは保存されますので、同一物体が移動している際の、A 地点における運動エネルギーを $K(A)$、位置エネルギーを $U(A)$、B 地点における運動エネルギーを $K(B)$、位置エネルギーを $U(B)$ とすると、次の関係が成り立ちます。

$$K(A)+U(A)=K(B)+U(B)$$

これを**エネルギー保存則**といいます。なお、ばねのような弾性体が一定の長さだけ伸びたり縮んだりする場合の位置エネルギーは、次の式で表されます。

$$U(x)=\frac{1}{2}m{\omega_0}^2x^2$$

（4）　応力とひずみ

弾性体に外から力を加えると、物体内部の任意の単位面積を通して、両側の物体部分が互いに相手におよぼす力を、その面に対する**応力**といいます。応力面に垂直な成分を法線応力、接線成分を接線応力（ずれ応力または**せん断応力**）といいます。法線応力が面において押し合う向きに働く場合には**圧力**といいます。逆に引っ張り合う方向に働く場合には**張力**といいます。応力の単位は、N/m^2 になります。

弾性体内に応力が発生すると、その応力に応じて弾性体を変形します。変形した部分の変形量を元のその部分の大きさで割った相対的な変形量を、**ひずみ**と呼びます。フックの法則に基づき、弾性体のひずみは応力に比例します。

応力が弾性限界内であれば弾性ひずみとなりますので、外力を加えなくなればひずみは消えますが、応力が**弾性限界**を超えると、**塑性変形**が起こって**塑性ひずみ**が残ります。

(a)　ヤング率

長さ L [m] で断面積が S [m^2] の一様な丸棒の両端に引っ張り力 F [N] を加えると**図表 4.2.5** に示すような伸び（ΔL）が生じます。

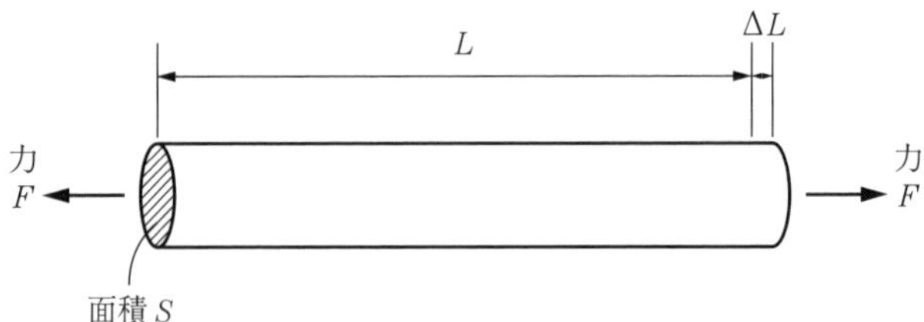

図表 4.2.5　ヤング率

その場合に、ひずみは次の式になります。

$$ひずみ = \frac{\Delta L}{L}$$

また、応力は次の式になります。

$$応力 = \frac{F}{S}$$

弾性限界内においては、応力が増加するとひずみは増加し、応力が減少するとひずみも減少しますので、下記の式がなりたちます。

$$\frac{F}{S} = E\frac{\Delta L}{L}$$

$$F = \frac{SE\Delta L}{L}$$

この式における比例定数となっているEを**ヤング率**といい、弾性率の一種になります。ヤング率は**伸び弾性率**とも呼ばれ、物質によって定まります。この単位はN/m^2で、応力と同じです。なお、許容応力は、構造物などの設計において、これらを安全に使用する範囲で、その構成材料に対して許しうると考える最大の応力であり、許容応力度は、設計基準強度を安全率で除して決められます。

なお、弾性体の応力と変形量の関係は直線になりますので、弾性体の**ひずみエネルギー**（U）は次の式で表されます。

$$U=\frac{F\Delta L}{2}=\frac{SE\Delta L^2}{2L}$$

具体的な例題で説明すると、次のようになります。

【例題】下図に示すように、両端で固定された一様な弾性体からなる、長さLの棒がある。図に示すように、左端から長さ$L/4$の位置Cに、力Pが作用する。ただし、力は図中の矢印の向きを正とする。このとき、支持点AとBで棒に作用する反力P_AとP_Bの値を求めよ。

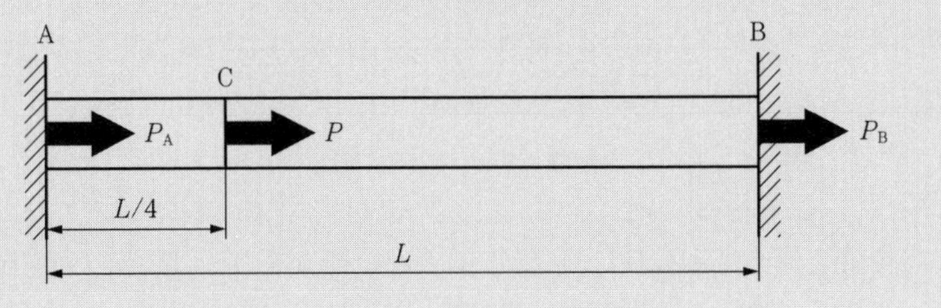

【解説】P、P_A、P_Bの関係は次のようになります。

$$P_A+P+P_B=0 \quad \cdots\cdots 式①$$

AC間の変形量ΔL_{AC}とBC間の変形量ΔL_{BC}は伸びる方向を正とすると、次のようになります。なお、Sは棒の断面積、Eはヤング率です。

$$\Delta L_{AC}=\frac{P_A(L/4)}{SE}=\frac{P_A L}{4SE}$$

$$\Delta L_{BC} = -\frac{P_B(3L/4)}{SE} = -\frac{3P_BL}{4SE}$$

$|\Delta L_{AC}| = |\Delta L_{BC}|$ より、

$$\frac{P_AL}{4SE} = \frac{3P_BL}{4SE}$$

$$P_A = 3P_B$$

これを式①に代入すると次のようになります。

$$3P_B + P + P_B = 0$$

$$P_B = -\frac{1}{4}P \qquad P_A = -\frac{3}{4}P$$

(b) ポアソン比

長さ L[m]、幅 W[m]、高さ H[m] の角棒の両端に引っ張り力 F[N] を加えると**図表 4.2.6** に示すような縮みが生じます。

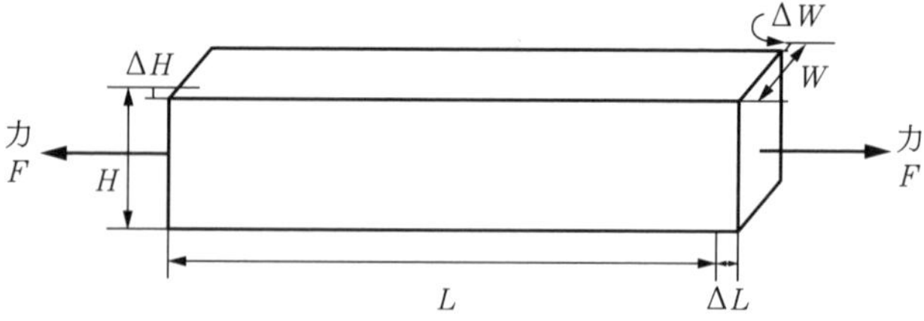

図表 4.2.6　ポアソン比

この場合の長さ方向の伸びを ΔL、幅方向の縮みを ΔW、高さ方向の縮みを ΔH とすると、横方向の縮みの割合は次のようになります。

$$横方向の縮みの割合 = \frac{\Delta W}{W} = \frac{\Delta H}{H}$$

また、長さ方向の伸びの割合は次のようになります。

$$長さ方向の伸びの割合 = \frac{\Delta L}{L}$$

これら 2 つの式には次の関係があります。

$$\frac{\Delta W}{W}=\frac{\Delta H}{H}=\sigma\frac{\Delta L}{L}$$

この σ を**ポアソン比**といい、物質によって定まります。ポアソン比は、無次元の数になります。

(c)　はりのたわみ

図表 4.2.7 に示すような片持ちはり（全長 L[m]）の先端に上から押し下げる力 P[N] が加えられたとすると、たわみ（δ）は次の式で求められます。ただし、はりに生じるせん断変形およびはりの自重は無視します。

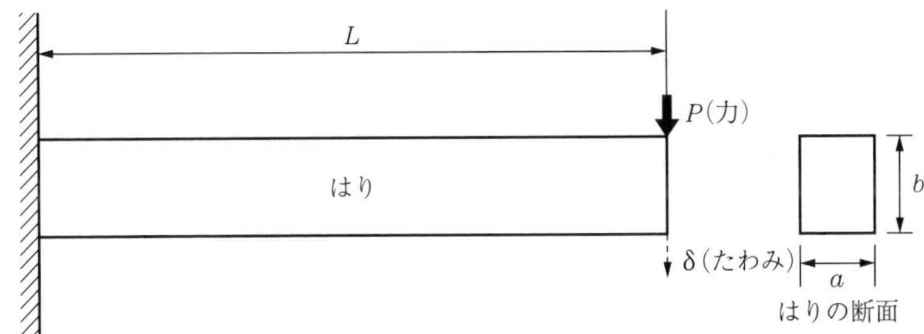

図表 4.2.7　片持ちはりの先端に力が加えられた場合のたわみ

$$\delta=\frac{PL^3}{3EI}$$

E：ヤング率
I：断面二次モーメント

また、**図表 4.2.8** に示すような両端が支持されたはり（全長 L[m]）の真中に上から押し下げる力を P[N] を加えると、たわみ（δ）は次の式で求められます。ただし、はりに生じるせん断変形およびはりの自重は無視します。

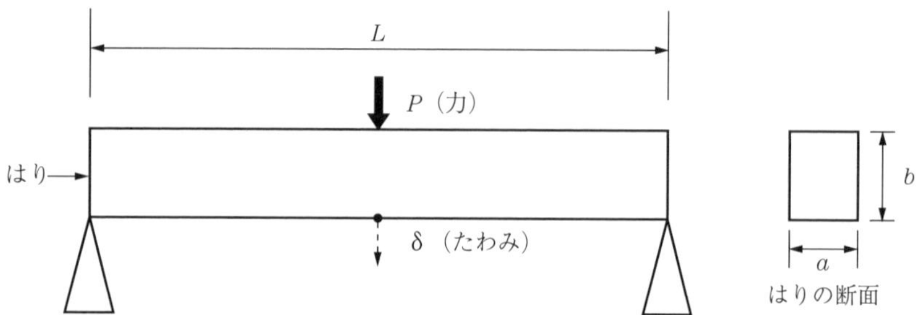

図表 4.2.8　両端支持はりの中心に力が加えられた場合のたわみ

$$\delta = \frac{PL^3}{48EI}$$

E：ヤング率
I：断面二次モーメント

なお、**断面二次モーメント**（I）は、角材の幅を a [m] とし、高さを b [m] とすると次の式で求められます。

$$I = \frac{ab^3}{12}$$

(d)　はりの横振動

図表 4.2.7 や図表 4.2.8 に示したような、はりの横振動の固有振動数 f は次の式で表せます。

$$f = \frac{\lambda^2}{2\pi L^2}\sqrt{\frac{EI}{\rho A}}$$

A：はりの断面積

I：断面二次モーメント

E：縦弾性係数

λ：境界条件と振動モードによって決まる無次元数

ρ：密度

L：棒の長さ

また、断面二次モーメント（I）は次の式になります。

$$I = \frac{ab^3}{12}$$

a：はりの断面幅、b：はりの高さなお、λ ははりの支持条件で変わり、**図表 4.2.9** のようになります。

図表 4.2.9　λ の一次値

はりの支持方法	λ（1 次の値）
単純支持（支持－支持）	π（≒3.14）
片持ちはり（固定－自由）	1.875
片持ちはり（固定－支持）	3.927
自由－自由	4.730
固定－固定	4.730

(e)　体積弾性率と圧縮率

等方性の弾性体に加えた一様な圧力 P を $P+\Delta P$ に変化させると、比例限界内では体積 V が $V-\Delta V$ に変化します。このときに、次の関係式がなりたちます。

$$\Delta P = -k\frac{\Delta V}{V}$$

このときの k を**体積弾性率**といい、物質によって決まります。また、その逆数（$1/k$）を**圧縮率**といいます。

これまで、弾性限界内のひずみを中心に話をしてきましたが、外力による応力が弾性限界を超えるか、高温で長時間にわたって外力が加えられたときには塑性変形が起こり、塑性ひずみが残ります。塑性ひずみを**残留ひずみ**、または**永久ひずみ**ともいいます。なお、塑性ひずみが一定応力のもとで時間とともに増加する現象を**クリープ**といいます。また、弾性限界を超えて塑性ひずみが起こっている場合に、応力がある値に達すると、応力の増加がほとんどないままで塑性ひずみが急激に増加する現象が起きます。それを**降伏現象**といいます。

(f)　座屈

軸方向に圧力を受ける柱や板などにおいては、圧力がある限界値に達すると、急に圧力を受けている軸に垂直な方向に湾曲する現象が生じますが、それを**座屈**といいます。座屈が生じ始める限界の圧力を**座屈荷重**といいます。

(5) 慣性モーメント

図表 4.2.10 に示すような、均質で厚さが一様で薄い長方形の板の慣性モーメントは、次のようになります。

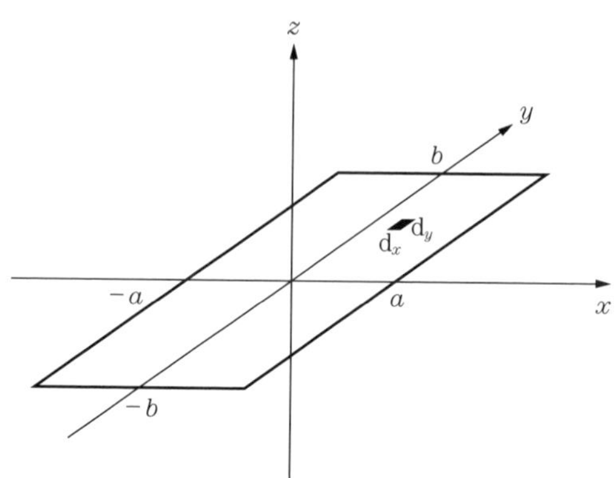

図表 4.2.10　長方形板の慣性モーメント

板全体の質量を M とすると、図表 4.2.10 の $\mathrm{d}x\mathrm{d}y$ 部の質量は次の式で表せます。

$$M\cdot\frac{\mathrm{d}x\mathrm{d}y}{4ab}$$

(a)　x 軸の慣性モーメント (I_x)

x 軸から微小部分までの距離は y であるので、$\mathrm{d}I_x$ は次の式になる。

$$\mathrm{d}I_x=\frac{M}{4ab}\,y^2\mathrm{d}x\mathrm{d}y$$

$$I_x=\frac{M}{4ab}\int_{-a}^{a}\mathrm{d}x\int_{-b}^{b}y^2\mathrm{d}y=\frac{M}{4ab}[x]_{-a}^{a}\left[\frac{y^3}{3}\right]_{-b}^{b}$$

$$=\frac{M}{4ab}(a+a)\left(\frac{b^3}{3}+\frac{b^3}{3}\right)=\frac{M}{4ab}\times 2a\times\frac{2}{3}b^3=\frac{1}{3}Mb^2$$

(b)　y 軸の慣性モーメント (I_y)

y 軸から微小部分までの距離は x であるので、$\mathrm{d}I_y$ は次の式になる。

$$\mathrm{d}I_y=\frac{M}{4ab}x^2\mathrm{d}x\mathrm{d}y$$

$$I_y=\frac{M}{4ab}\int_{-a}^{a}x^2\mathrm{d}x\int_{-b}^{b}\mathrm{d}y=\frac{M}{4ab}\left[\frac{x^3}{3}\right]_{-a}^{a}[y]_{-b}^{b}$$

$$=\frac{M}{4ab}\left(\frac{a^3}{3}+\frac{a^3}{3}\right)(b+b)=\frac{M}{4ab}\times\frac{2}{3}a^3\times 2b=\frac{1}{3}Ma^2$$

(c)　z 軸の慣性モーメント（I_z）

z 軸から微小部分までの距離は $\sqrt{a^2+b^2}$ であるので、$\mathrm{d}I_z$ は次の式になる。

$$\mathrm{d}I_z=\frac{M}{4ab}(x^2+y^2)\mathrm{d}x\mathrm{d}y$$

$$I_z=\frac{M}{4ab}\int_{-a}^{a}x^2\mathrm{d}x\int_{-b}^{b}\mathrm{d}y+\frac{M}{4ab}\int_{-a}^{a}\mathrm{d}x\int_{-b}^{b}y^2\mathrm{d}y$$

$$=I_y+I_x=\frac{1}{3}Ma^2+\frac{1}{3}Mb^2=\frac{1}{3}M(a^2+b^2)$$

3.　電磁気学・熱力学

受験申込み案内の説明によると、ここは電磁気学の問題が出題されるとされていますが、電磁気学の問題が出題されたのは、平成 29 年度試験のみで、平成 23 年度試験以前は熱力学の問題が出題されていました。基本的に、熱体力学と電磁気学は、その取り扱いの点からみると同様のものと考えることができます。それを理解してもらうために、熱系と電磁気系の基本要素を比較してみたのが、**図表 4.3.1** です。

図表 4.3.1　熱系と電磁気系の基礎単位比較

熱系	電磁気系
温度	電位
温度差	電圧（＝電位差）
熱量	電荷
熱流	電流
熱流束	電流密度
熱伝導率	導電率
熱抵抗	電気抵抗
熱容量	静電容量

このように解析の視点で見ると、熱流体と電磁気は同じ扱いができるのがわかります。この項目では、電磁気学と熱力学の基礎について説明を行います。

（1）　電磁気学

これまでの基礎科目における電磁気学の問題は、平成 29 年度試験の合成抵抗を求める問題しか出題されていませんので、ここでは直流回路に関する説明をしておきます。電気回路解法の基礎としてはまず一番目にオームの法則があり、次にキルヒホッフの法則があります。

(a)　オームの法則

オームの法則は、「物質に電流 I を流すと、その両端に I に比例する電圧 V が発生する。」という法則で、$V = RI$ の関係が成立します。この場合の R の単位がオーム（Ω）になります。なお、抵抗の逆数を**コンダクタンス**と呼び、単位は**ジーメンス**（siemens）になります。

(b)　キルヒホッフの第一法則

キルヒホッフの第一法則は、「回路の任意の接点から流出する電流の総和はゼロである。」というもので、**キルヒホッフの電流則**とも呼ばれます。**図表 4.3.2** に示した回路を使って、X 点における電流の関係式を示すと次のようになります。

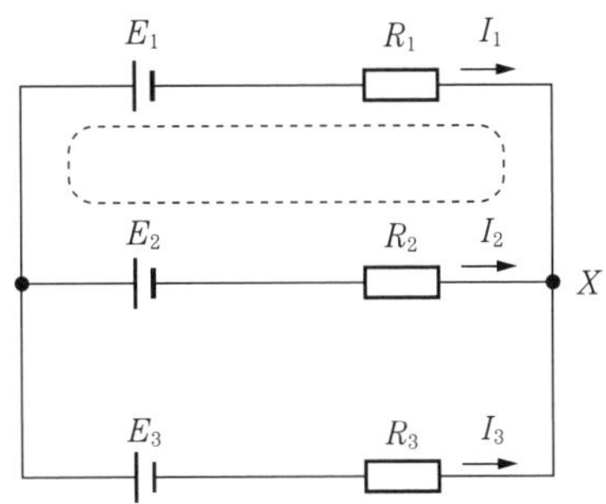

図表 4.3.2　回路における電圧と電流

$$I_1+I_2+I_3=0$$

(c)　キルヒホッフの第二法則

キルヒホッフの第二法則は、「抵抗による電圧効果の総和は、回路内の起電力の総和に等しい。」というもので、**キルヒホッフの電圧則**とも呼ばれます。図表 4.3.2 に示した回路で破線に沿った閉路についてこの内容通り式に示すと、次のようになります。

$$R_1I_1-R_2I_2=E_2-E_1$$

(d)　合成抵抗の求め方

合成抵抗は、抵抗の直列・並列の組合せで求めることができます。例として、**図表 4.3.3** の回路の合成抵抗（R）は次の式で求められます。

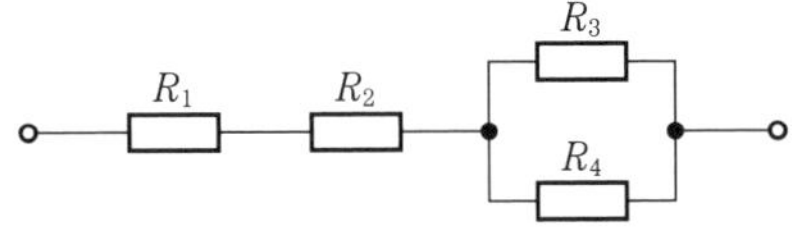

図表 4.3.3　抵抗の直・並列

$$R=R_1+R_2+\cfrac{1}{\cfrac{1}{R_3}+\cfrac{1}{R_4}}$$

(e) 並列接続時の電流

並列接続された回路の電流と電圧の関係を表すことによって、電流や抵抗を求める計算をする場合が多くあります。**図表 4.3.4** のような回路で関係式を表すと次のようになります。

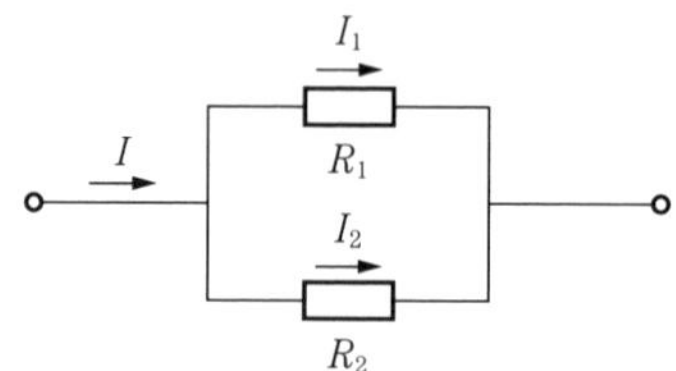

図表 4.3.4　並列接続時の電流

$$I = I_1 + I_2$$

$$I_1 \times R_1 = I_2 \times R_2$$

(f) 直列接続時の電圧

直列接続された回路の電圧の関係を表すことによって、電流や抵抗を求める計算をする場合が多くあります。**図表 4.3.5** のような回路で関係式を表すと次のようになります。

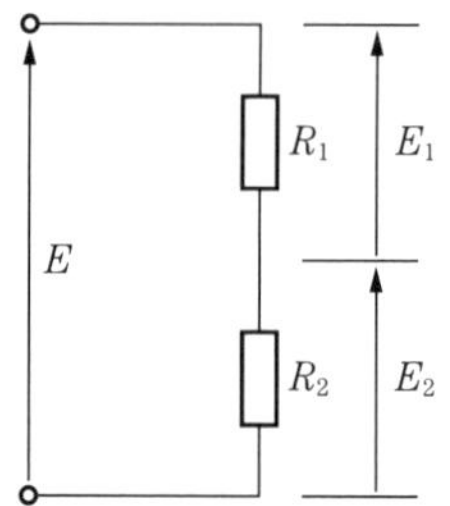

図表 4.3.5　直列接続時の電圧

$$E_1 = E \times \frac{R_1}{R_1 + R_2}$$

(g) ブリッジ回路

ブリッジ回路が平衡している状態、いわゆる**図表 4.3.6** に示すような**ホイートストンブリッジ**になっている状態を問題として出題する場合が多くあります。

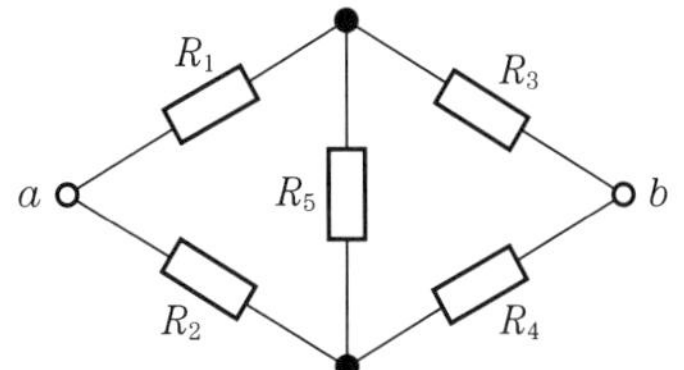

図表 4.3.6　ホイートストンブリッジ

このブリッジ回路では、相対する抵抗の積が、下記の関係にあるとします。

$R_1 \times R_4 = R_2 \times R_3$

この場合を**平衡**しているといい、ab 間に電圧をかけても R_5 には電流が流れませんので、そこを開放した回路とみなすことができます。

(2)　熱力学

物体間や物体内で温度差があると、温度は高い方から低い方へと移動します。この現象を**伝熱**といいます。伝熱には、熱伝導、対流伝熱、放射伝熱の3つの形態があります。

伝熱には、次の**フーリエの熱伝導法則**の式を用います。

物体内の任意の点の温度を T、その点における微小面積 dA を通して、法線方向 n に単位時間当たり流れる熱量 dQ は次の式で表せます。

$$\mathrm{d}Q = -\lambda \cdot \frac{\partial T}{\partial x}\,\mathrm{d}A$$　　Q：伝熱量[W]、λ：熱伝導率[W/m·K]

伝熱に関する問題は、熱伝導の基礎方程式を立てて、それを解いていきます。最初に、微小空間における熱収支を考えてみます。

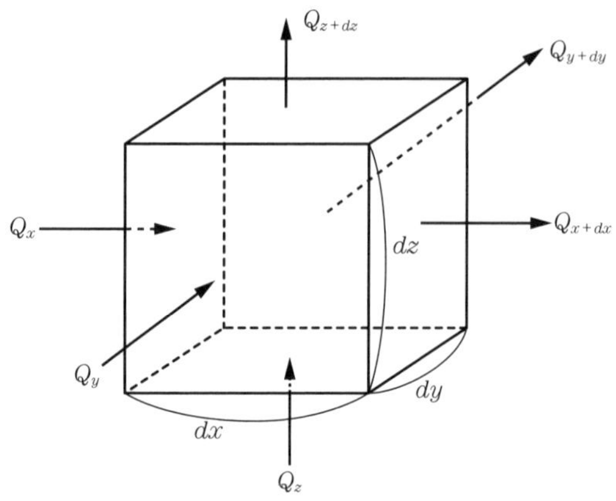

図表 4.3.7　微小空間への熱の出入

図表 4.3.7 では、流入する熱量 Q_x、Q_y、Q_z は次の式で表されます。

$$Q_x = -\lambda \cdot \frac{\partial T}{\partial x} dydz$$

$$Q_y = -\lambda \cdot \frac{\partial T}{\partial y} dzdx$$

$$Q_z = -\lambda \cdot \frac{\partial T}{\partial z} dxdy$$

同じく流出する熱量は、$Q_{x+\mathrm{d}x}$ の場合には、次のようになります。$Q_{y+\mathrm{d}y}$ と $Q_{z+\mathrm{d}z}$ も同様に表せます。

$$Q_{x+\mathrm{d}x} = Q_x + \frac{\partial Q_x}{\partial x}\mathrm{d}x = -\lambda\frac{\partial T}{\partial x}\mathrm{d}y\mathrm{d}z - \left[\frac{\partial}{\partial x}\lambda\frac{\partial T}{\partial x}\mathrm{d}x\mathrm{d}y\mathrm{d}z\right]$$

(a)　熱伝導

1つの物体内に温度差がある場合に、高温部から低温部に熱が流れる現象を**熱伝導**といいます。熱伝導には、物体の高温部と低温部の温度が時間に対して変化しない場合、いわゆる熱的に定常状態にある場合と、冷却装置のように各部の温度が時間とともに変化する熱的非定常状態の場合があります。問題としては、熱的定常状態のものが出題されると考えますので、ここでは熱的定常状態のときについて説明をします。定常熱伝導では、**フーリエの法則**から次の式が適用できます。

$$Q=\lambda\cdot A\cdot\frac{\mathrm{d}T}{\mathrm{d}x}$$

Q：伝熱量[W]、λ：熱伝導率[W/m·K]
A：断面積[m^2]、x：距離[m]、T：温度[℃]

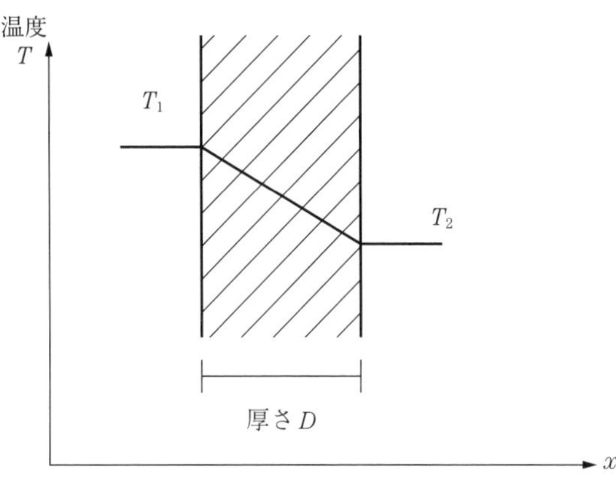

図表 4.3.8　定常熱伝導

図表 4.3.8 のような場合には、式は次のようになります。

$$Q=\frac{\lambda}{D}\cdot A\cdot(T_1-T_2)=\frac{T_1-T_2}{\dfrac{D}{\lambda\cdot A}}$$

この場合、$\dfrac{D}{\lambda\cdot A}$ は熱伝導の抵抗になります。

これを電気回路的に示すと、**図表 4.3.9** (a) のようになります。同等の電気回路図を図表 4.3.9 (b) に示します。こういった形で表してみると、熱系と電磁気系の基本要素が同じであるのがわかると思います。

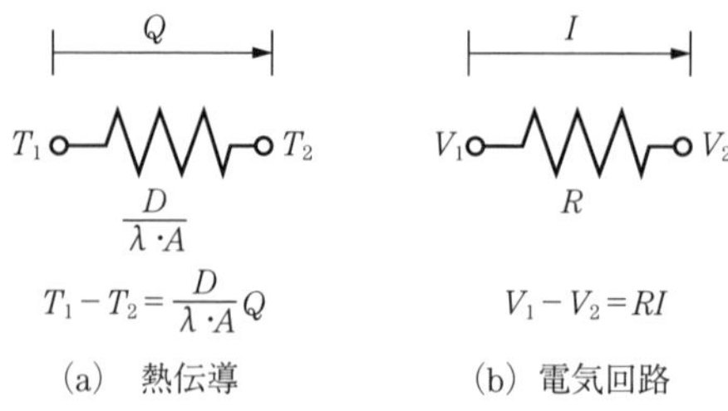

図表 4.3.9　熱伝導と電気回路

さらに、壁が多層になった場合には、**図表 4.3.10** のように考えればよいのがわかります。

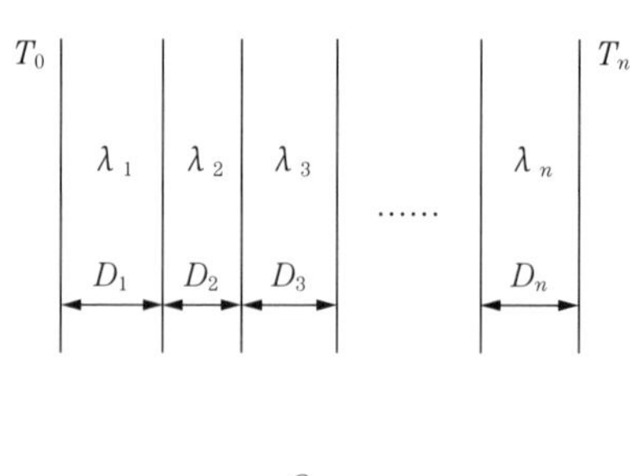

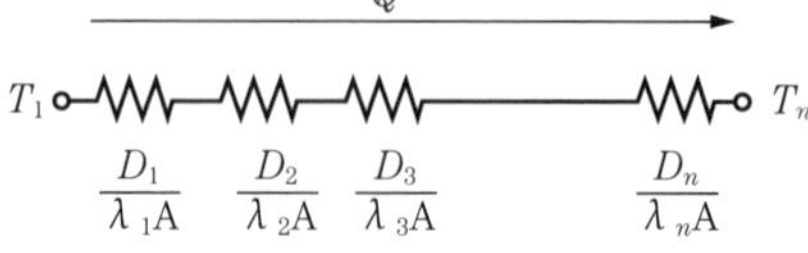

図表 4.3.10　多層壁の場合の熱伝導

熱伝導においては、図表4.3.9と図表4.3.10の内容を覚えておけば対応できるはずです。

(b)　対流伝熱

対流伝熱とは、物体とそれに接している流体との間に起こる熱移動現象で、次の式が適用できます。

$Q = h \cdot A \cdot (T_1 - T_2)$　　Q：伝熱量[W]、h：熱伝達率[W/m^{2}K]

A：断面積[m^2]、x：距離[m]

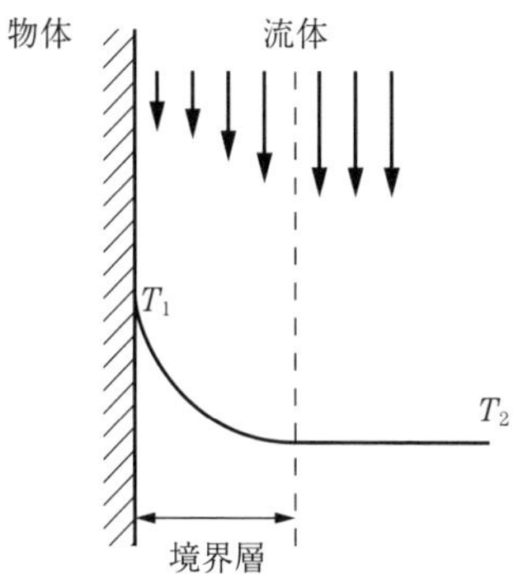

図表 4.3.11　対流伝熱

図表 4.3.11 のような場合には、式は次のようになります。

$$Q = h \cdot A \cdot (T_1 - T_2) = \frac{T_1 - T_2}{\dfrac{1}{h \cdot A}}$$

この場合、$\dfrac{1}{h \cdot A}$ は対流伝熱の抵抗になります。

(c)　放射伝熱

物体は、外部から放射を受ける場合があります。その場合には、一部は表面で反射され、一部は吸収されます。残りは物体を透過していきます。ですから、**放射伝熱**では次のエネルギー関係式が成立します。

$$\rho + \alpha + \tau = 1$$

ρ：反射率、α：吸収率、τ：透過率

この場合に $\alpha = 1$ の理想物体を黒体と呼びます。**黒体**は、すべての波長を完全に吸収する物体です。

また、物体は、その温度によって表面からエネルギーを放射します。物体表面から単位面積、単位時間当たりに放出される熱放射エネルギーを放射能（**ふく射能**）と呼び、$E\,[\mathrm{W/m^2}]$ で表します。温度 T の黒体の全放射エネルギー（E_b）は、次の式で表されます。

$$E_b = \sigma T^4 [\mathrm{W/m^2}]$$

このように、黒体の全放射能は絶対温度の4乗に比例します。これを**ステファン・ボルツマンの法則**と呼び、定数 σ を**ステファン・ボルツマン定数**と呼びます。

ステファン・ボルツマン定数は、$\sigma = 5.67 \times 10^{-8} [\mathrm{W/m^2 \cdot K^4}]$ です。

放射伝熱の場合には、先の熱伝導や対流伝熱が高温部から低温部へ熱が伝えられるのとは違い、電磁波の形でエネルギーが伝えられるため、高温部から低温部への熱の移動だけではなく、低温部から高温部への熱の移動もあります。ただし、高温部から低温部へのエネルギー伝達量の方が勝っているため、低温部から高温部への熱の移動との総合値として、結果的に高温部から低温部へ伝熱量として表されます。

(d)　ボイル・シャルルの法則

ボイル・シャルルの法則は、2つの法則からできています。

まず、**ボイルの法則**は、『気体の体積（V）は、温度が一定ならば、圧力（P）に反比例する。』というものです。それを図で示すと**図表 4.3.12** のようになります。

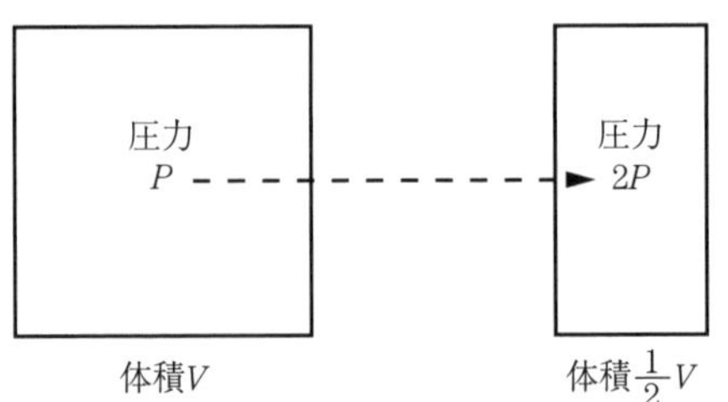

図表 4.3.12　ボイルの法則

それを式で示すと、$PV=K$（一定）となります。そのため、体積と圧力の関係をグラフに表すと、**図表 4.3.13** のような関係になります。

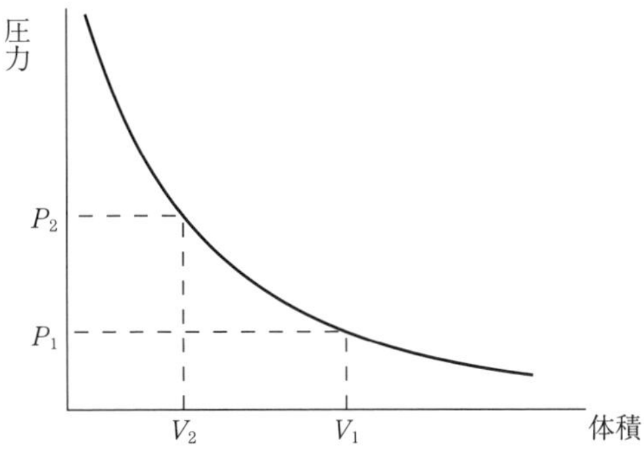

図表 4.3.13　気体の体積と圧力の関係

次に、**シャルルの法則**は、『一定圧力下で、気体の体積は温度が 1℃上がるごとに、0℃の体積の 1/273.15 ずつ増大する。』というものです。

これを式で表すと、次のようになります。

$$V=V_0\frac{273.15+t}{273.15}$$　　t：温度[℃]、V_0：0℃のときの体積

$T=273.15+t$　とすると、

$$V=V_0\frac{T}{273.15}$$　と表せます

この関係をグラフに示したものが、**図表 4.3.14** になります。

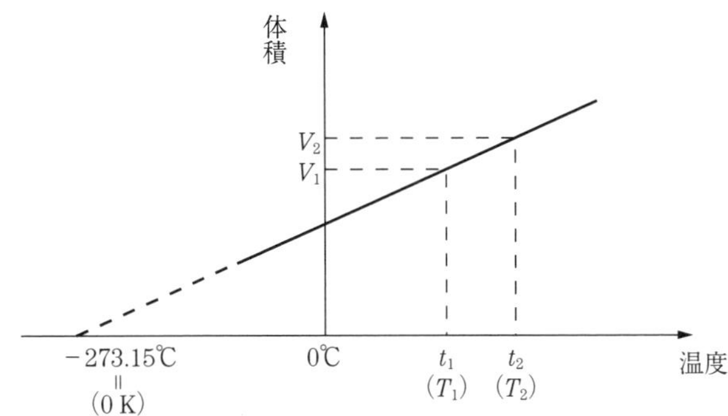

図表 4.3.14　気体の体積と温度の関係

これら2つの法則を合わせて**ボイル・シャルルの法則**といい、『一定の気体の体積（V）は、圧力（P）に反比例し、絶対温度（T）に正比例する。』というものです。それを式で表すと次のようになります。

$$\frac{PV}{T}=R(一定)$$

この定数Rは、0℃、1 atm、1 molの気体が22.4リットルということが確かめられていますので、それを使って求めることができ、8.315 [m^3Pa/Kmol] になります。このときのRを気体定数と呼びます。そこで、nモルの気体の場合には、式は次のようになります。

$$PV=nRT$$

4. 数学の基礎知識

これまで、計算力学、力学、熱流体力学・電磁気学について説明してきましたが、解析を行う場合には、数学的な基礎知識が欠かせません。それらの中から、いくつかをここで確認しておきたいと思います。

（1） 行列

行列はマトリックスともいい、横の並びである行と縦の並びである列から作られた配列をいいます。ここで、m行n列の行列を示すと、次のようになります。

$$\boldsymbol{A}=\begin{bmatrix} a_{11} & a_{12} & \cdot & \cdot & \cdot & a_{1n} \\ a_{21} & a_{22} & \cdot & \cdot & \cdot & a_{2n} \\ \cdot & \cdot & \cdot & \cdot & \cdot & \cdot \\ \cdot & \cdot & \cdot & \cdot & \cdot & \cdot \\ a_{m1} & a_{m2} & \cdot & \cdot & \cdot & a_{mn} \end{bmatrix}$$

行列を構成する要素を成分と呼んでいます。行列では、多くの成分がある場合が多いので、$\boldsymbol{A}=(a_{ij})$ と一般的に表現します。

$m=n$ の行列を**正方行列**といいます。m 行 m 列の行列は、m 次の正方行列と呼びます。

正方行列の中で、対角成分だけが零でない、次のような行列を**対角行列**と呼びます。

$$\boldsymbol{A}=\begin{bmatrix} a & 0 & 0 \\ 0 & b & 0 \\ 0 & 0 & c \end{bmatrix}$$

対角行列の中で、対角成分がすべて1である次のような行列を**単位行列**と呼び、$\boldsymbol{I}$ と表します。

$$\boldsymbol{I}=\begin{bmatrix} 1 & 0 & 0 \\ 0 & 1 & 0 \\ 0 & 0 & 1 \end{bmatrix}$$

成分がすべて0の行列を**零行列**といい、$\boldsymbol{0}$ で表します。$\boldsymbol{A}-\boldsymbol{B}=\boldsymbol{0}$ の場合を $\boldsymbol{A}$ と $\boldsymbol{B}$ が等しいといいます。

行列 $\boldsymbol{A}$、$\boldsymbol{B}$、$\boldsymbol{C}$ が、同じ m 行 n 列の行列の場合には次のような関係があります。

$$\cdot\ \boldsymbol{A}\pm\boldsymbol{B}=\begin{bmatrix} a_{11}\pm b_{11} & a_{12}\pm b_{12} & \cdot\ \cdot\ \cdot & a_{1n}\pm b_{1n} \\ a_{21}\pm b_{21} & a_{22}\pm b_{22} & \cdot\ \cdot\ \cdot & a_{2n}\pm b_{2n} \\ \cdot & \cdot & \cdot\ \cdot\ \cdot & \cdot \\ \cdot & \cdot & \cdot\ \cdot\ \cdot & \cdot \\ a_{m1}\pm b_{m1} & a_{m2}\pm b_{m2} & \cdot\ \cdot\ \cdot & a_{mn}\pm b_{mn} \end{bmatrix}$$

$$\cdot\ \alpha\boldsymbol{A}=\begin{bmatrix} \alpha a_{11} & \alpha a_{12} & \cdot\ \cdot\ \cdot & \alpha a_{1n} \\ \alpha a_{21} & \alpha a_{22} & \cdot\ \cdot\ \cdot & \alpha a_{2n} \\ \cdot & \cdot & \cdot\ \cdot\ \cdot & \cdot \\ \cdot & \cdot & \cdot\ \cdot\ \cdot & \cdot \\ \alpha a_{m1} & \alpha a_{m2} & \cdot\ \cdot\ \cdot & \alpha a_{mn} \end{bmatrix}$$

・$\boldsymbol{A}+\boldsymbol{B}=\boldsymbol{B}+\boldsymbol{A}$

・$(\boldsymbol{A}+\boldsymbol{B})+\boldsymbol{C}=\boldsymbol{A}+(\boldsymbol{B}+\boldsymbol{C})$

・$1\boldsymbol{A}=\boldsymbol{A}$

・$\boldsymbol{A}+\boldsymbol{0}=\boldsymbol{0}+\boldsymbol{A}=\boldsymbol{A}$

・$\alpha(\beta\boldsymbol{A})=\alpha\beta(\boldsymbol{A})$

・$(\alpha+\beta)\boldsymbol{A}=\alpha\boldsymbol{A}+\beta\boldsymbol{A}$

・$\alpha(\boldsymbol{A}+\boldsymbol{B})=\alpha\boldsymbol{A}+\alpha\boldsymbol{B}$

行列の乗法の場合で、$\boldsymbol{A}$ を m 行 n 列、$\boldsymbol{B}$ を n 行 p 列、C を m 行 p 列とすると、次の関係が成立します。

・$\boldsymbol{C}=\boldsymbol{AB}$

乗算が可能な行列の場合、次の関係があります。

・$\boldsymbol{AB}\neq\boldsymbol{BA}$

・$(\boldsymbol{A}+\boldsymbol{B})\boldsymbol{C}=\boldsymbol{AC}+\boldsymbol{BC}$

・$(\boldsymbol{AB})\boldsymbol{C}=\boldsymbol{A}(\boldsymbol{BC})=\boldsymbol{ABC}$

・$\boldsymbol{0A}=\boldsymbol{A0}$

・$\boldsymbol{IA}=\boldsymbol{AI}=\boldsymbol{A}$

正方行列において、$\boldsymbol{AB}=\boldsymbol{I}$ となる $\boldsymbol{B}$ を $\boldsymbol{A}$ の**逆行列**といい、$\boldsymbol{A}^{-1}$ と表します。

$\boldsymbol{A}=\begin{bmatrix} a & b \\ c & \mathrm{d} \end{bmatrix}$ において、

$a\mathrm{d}-bc\neq 0$ のときは、逆行列 $\boldsymbol{A}^{-1}$ は、

$\boldsymbol{A}^{-1}=\dfrac{1}{a\mathrm{d}-bc}\begin{bmatrix} \mathrm{d} & -b \\ -c & a \end{bmatrix}$ となります。

行列 $\boldsymbol{A}=\begin{bmatrix} 1 & 0 & 0 \\ a & 1 & 0 \\ b & c & 1 \end{bmatrix}$ の逆行列を求める場合には、次の方法をとります。

① 行列 $\boldsymbol{A}$ と単位行列を下記のように並べて記載します。

$$\left[\begin{array}{ccc|ccc} 1 & 0 & 0 & 1 & 0 & 0 \\ a & 1 & 0 & 0 & 1 & 0 \\ b & c & 1 & 0 & 0 & 1 \end{array}\right]$$

②　２行目の c 倍を３行目から引きます。

$$\left[\begin{array}{ccc|ccc} 1 & 0 & 0 & 1 & 0 & 0 \\ a & 1 & 0 & 0 & 1 & 0 \\ b-ac & 0 & 1 & 0 & -c & 1 \end{array}\right]$$

③　１行目の a 倍を２行目から引きます。

$$\left[\begin{array}{ccc|ccc} 1 & 0 & 0 & 1 & 0 & 0 \\ 0 & 1 & 0 & -a & 1 & 0 \\ b-ac & 0 & 1 & 0 & -c & 1 \end{array}\right]$$

④　１行目の $ac-b$ 倍を３行目に加えます。

$$\left[\begin{array}{ccc|ccc} 1 & 0 & 0 & 1 & 0 & 0 \\ 0 & 1 & 0 & -a & 1 & 0 \\ 0 & 0 & 1 & ac-b & -c & 1 \end{array}\right]=\boldsymbol{A}^{-1}$$

$$\boldsymbol{A}^{-1}=\begin{bmatrix} 1 & 0 & 0 \\ -a & 1 & 0 \\ ac-b & -c & 1 \end{bmatrix}$$

また、過去には２行２列のヤコビ行列に関する問題が何度か出題されています。

座標 $(x,\ y)$ と変数 $\xi,\ \eta$ の間に $x=(\xi,\ \eta)$、$y=(\xi,\ \eta)$ の関係がある場合、関数 $\mathrm{f}(x,\ y)$ の $x,\ y$ による偏微分と $\xi,\ \eta$ による偏微分は次の式で関連付けられます。

$$\begin{bmatrix} \dfrac{\partial \mathrm{f}}{\partial \xi} \\ \dfrac{\partial \mathrm{f}}{\partial \eta} \end{bmatrix}=\begin{bmatrix} \mathrm{J}_{11} & \mathrm{J}_{12} \\ \mathrm{J}_{21} & \mathrm{J}_{22} \end{bmatrix}\begin{bmatrix} \dfrac{\partial \mathrm{f}}{\partial x} \\ \dfrac{\partial \mathrm{f}}{\partial y} \end{bmatrix}$$

このとき、J_{11}, J_{12}, J_{21}, J_{22} は次のようになります。

$$J_{11}=\frac{\partial x}{\partial \xi} \qquad J_{12}=\frac{\partial y}{\partial \xi} \qquad J_{21}=\frac{\partial x}{\partial \eta} \qquad J_{22}=\frac{\partial y}{\partial \eta}$$

この行列を**ヤコビ行列**といいますが、その行列式を**ヤコビアン**といい、次の式で表します。

$$\det[J]=\frac{\partial x}{\partial \xi}\frac{\partial y}{\partial \eta}-\frac{\partial x}{\partial \eta}\frac{\partial y}{\partial \xi}$$

（2） 微分

解析において**微分**は最も基礎的な知識です。ここでは、微分公式を復習しておきます。また、微分に関しては、いくつかの重要な定理がありますので、ここで整理しておきます。

(a) 微分公式

ⓐ $\dfrac{\mathrm{d}}{\mathrm{d}x}(a+u)=\dfrac{\mathrm{d}u}{\mathrm{d}x}$ ⓑ $\dfrac{\mathrm{d}}{\mathrm{d}x}(au)=a\dfrac{\mathrm{d}u}{\mathrm{d}x}$

ⓒ $\dfrac{\mathrm{d}}{\mathrm{d}x}(u+v)=\dfrac{\mathrm{d}u}{\mathrm{d}x}+\dfrac{\mathrm{d}v}{\mathrm{d}x}$

ⓓ $\dfrac{\mathrm{d}}{\mathrm{d}x}(uv)=\dfrac{\mathrm{d}u}{\mathrm{d}x}v+u\dfrac{\mathrm{d}v}{\mathrm{d}x}$

ⓔ $\dfrac{\mathrm{d}}{\mathrm{d}x}\left(\dfrac{u}{v}\right)=\dfrac{v\mathrm{d}u/\mathrm{d}x-u\mathrm{d}v/\mathrm{d}x}{v^2}$

ⓕ $\dfrac{\mathrm{d}}{\mathrm{d}x}u^v=u^v\left(\log u\dfrac{\mathrm{d}v}{\mathrm{d}x}+\dfrac{u}{v}\dfrac{\mathrm{d}u}{\mathrm{d}x}\right)$

ⓖ $\dfrac{\mathrm{d}}{\mathrm{d}x}(uvw\cdots)=(uvw\cdots)\left(\dfrac{1}{u}\dfrac{\mathrm{d}u}{\mathrm{d}x}+\dfrac{1}{v}\dfrac{\mathrm{d}v}{\mathrm{d}x}+\dfrac{1}{w}\dfrac{\mathrm{d}w}{\mathrm{d}x}+\cdots\right)$

ⓗ $\dfrac{\mathrm{d}^n(uv)}{\mathrm{d}x^n}=\dfrac{\mathrm{d}^n v}{\mathrm{d}x^n}v+{}_nC_1\dfrac{\mathrm{d}^{n-1}u}{\mathrm{d}x^{n-1}}\dfrac{\mathrm{d}v}{\mathrm{d}x}+{}_nC_2\dfrac{\mathrm{d}^{n-2}u}{\mathrm{d}x^{n-2}}\dfrac{\mathrm{d}^2v}{\mathrm{d}x^2}+\cdots+u\dfrac{\mathrm{d}^n v}{\mathrm{d}x^n}$

ⓘ　$y=f(z)$、$z=g(x)$のとき、$\dfrac{\mathrm{d}y}{\mathrm{d}x}=\dfrac{\mathrm{d}y}{\mathrm{d}z}\cdot\dfrac{\mathrm{d}z}{\mathrm{d}x}=f'(z)g'(x)$

ⓙ　$y=f(x)$、$x=g(y)$のとき、$\dfrac{\mathrm{d}y}{\mathrm{d}x}=\dfrac{1}{\mathrm{d}x/\mathrm{d}y}$、$f'(x)=\dfrac{1}{g'(y)}$

ⓚ　$x=f(t)$、$y=g(t)$のとき、$\dfrac{\mathrm{d}y}{\mathrm{d}x}=\dfrac{\mathrm{d}y/\mathrm{d}t}{\mathrm{d}x/\mathrm{d}t}=\dfrac{g'(t)}{f'(t)}$

(b)　ロールの定理

関数$y=f(x)$が$a\leqq x\leqq b$で連続で、$a<x<b$で微分可能なとき、$f(a)=f(b)$ならば、$a<x<b$内の点$c(a<c<b)$で$f'(c)=0$となる。

(c)　平均値の定理

関数$y=f(x)$が$a\leqq x\leqq b$で連続で、$a<x<b$で微分可能なとき、$a<x<b$内の点$c(a<c<b)$で次の式が成り立つ。

$$f'(c)=\frac{f(b)-f(a)}{b-a}$$

(d)　ロピタルの定理

関数$f(x)$と$g(x)$が、cを端点とする開区間において微分可能で、$\lim_{x\to c}f(x)=\lim_{x\to c}g(x)=0$　あるいは$\lim_{x\to c}f(x)=\lim_{x\to c}g(x)=\infty$のいずれかが満たされるとする。

このとき、$f(x)$、$g(x)$の１階微分を$f'(x)$、$g'(x)$として、$g'(x)\neq0$の場合に、

$\lim_{x\to c}\dfrac{f'(x)}{g'(x)}=L$が存在すれば、$\lim_{x\to c}\dfrac{f(x)}{g(x)}=L$である。

(e)　テイラーの定理

関数$f(x)$が$a\leqq x\leqq b$でn階まで連続な導関数をもち、$a<x<b$で$n+1$階微分可能ならば、次の式が成り立つ。

$$f(x)=f(a)+f'(a)(x-a)+\frac{f''(a)}{2!}(x-a)^2+\cdots+\frac{f^{(n)}(a)}{n!}(x-a)^n+R_{n+1}$$

（R_{n+1}：剰余項）

(f) マクローリン展開

テイラーの定理でa=0と置いた場合をマクローリン展開といい、次の式で表せる。

$$f(x)=f(0)+f'(0)x+\frac{f''(0)}{2!}x^2+\cdots+\frac{f^{(n)}(0)}{n!}x^n+R_{n+1}\quad(R_{n+1}：剰余項)$$

または、$f(x)=\sum_{k\to 0}^{\infty}\frac{f^{(k)}(0)}{k!}x^k$

よく使われるマクローリン展開として下記のものがある。

① $e^x=1+x+\frac{x^2}{2!}+\cdots+\frac{x^n}{n!}+R_{n+1}$ （e：ネイピア数（自然対数の底））

② $\sin x=x-\frac{x^3}{3!}+\frac{x^3}{5!}-\cdots+(-1)^{n-1}\frac{x^{2n-1}}{(2n-1)!}+R_{2n+1}$

③ $\cos x=1-\frac{x^2}{2!}+\frac{x^4}{4!}-\cdots+(-1)^n\frac{x^{2n}}{(2n)!}+R_{2n+2}$

(g) オイラーの等式

(d) の①で x を ix $(i=\sqrt{-1})$ に置き換えて、その結果に②と③を当てはめると次の式になる。これをオイラーの等式という。

$e^{ix}=\cos x+i\sin x$

$x=\pi$ の場合は、$e^{i\pi}=\cos\pi+i\sin\pi=-1$

$e^{i\pi}+1=0$　となる。

(3) 偏微分

物理量が分布している空間を“場”と呼びます。具体的には、流れの場や電磁場などが解析の対象として思い浮かぶと思います。そういった場の解析においては、偏微分がよく用いられます。**偏微分**は、複数の変数が含まれた関数が与えられたときに、特定の変数以外変数を固定して定数と見なして、特定の変数で微分する手法です。偏微分の際には、微分記号として ∂ を用います。特定の変数について微分する手法は基本的に微分と同じですので、前項 (2) を参照してください。

偏微分方程式の型として、重要なものには、次の３つがありますので、基本式を覚えておいてください。

① 放物型

$$\frac{\partial\square}{\partial t}-K\frac{\partial^2\square}{\partial x^2}=0$$

② 双曲型

$$\frac{\partial^2\square}{\partial t^2}-K\frac{\partial^2\square}{\partial x^2}=0$$

③ 楕円型

$$\frac{\partial^2\square}{\partial x^2}-K\frac{\partial^2\square}{\partial t^2}=0$$

なお、解析においては、ギリシャ文字を多く使用しますので、その記号と読みを**図表 4.4.1** 示します。

図表 4.4.1　ギリシャ文字

大文字	小文字	読み	大文字	小文字	読み
A	α	アルファ	N	ν	ニュー
B	β	ベーター	Ξ	ξ	グザイ（クシー）
Γ	γ	ガンマ	O	o	オミクロン
$\varDelta$	δ	デルタ	Π	π	パイ
E	ε	イプシロン	P	ρ	ロー
Z	ζ	ツェータ（ゼータ）	Σ	σ	シグマ
H	η	エータ（イータ）	T	τ	タウ
Θ	θ	テータ（シータ）	Υ	υ	ユプシロン
I	ι	イオタ	Φ	ϕ	ファイ
K	κ	カッパ	X	χ	カイ
Λ	λ	ラムダ	Ψ	ψ	プサイ（プシー）
M	μ	ミュー	Ω	ω	オメガ

（4） 積分

積分も微分と同様に解析において基礎的な知識ですので、積分についても公式を復習しておきます。

(a) 一般公式

式の中で、u、v は x の関数とし、a は定数とします。

ⓐ $\int af(x)\,\mathrm{d}x = a\int f(x)\,\mathrm{d}x$

ⓑ $\int (f(x)+g(x))\,\mathrm{d}x = \int f(x)\,\mathrm{d}x + \int g(x)\,\mathrm{d}x$

ⓒ $\int f(x)g'(x)\,\mathrm{d}x = f(x)g(x) - \int f'(x)g(x)\,\mathrm{d}x$ （部分積分法）

ⓓ $\int f(x)\,\mathrm{d}x = \int f[g(t)]g'(t)\,\mathrm{d}t$、$x=g(t)$ （置換積分法）

(b) 基礎積分

ⓐ $\int x^p\mathrm{d}x = \dfrac{x^{p+1}}{p+1} + C\ (p \neq -1)$　　ⓑ $\int \dfrac{\mathrm{d}x}{x} = \log|x| + C$

ⓒ $\int e^x\mathrm{d}x = e^x + C$　　ⓓ $\int a^x\mathrm{d}x = \dfrac{a^x}{\log a} + C\ (a>0,\ a\neq 1)$

ⓔ $\int \sin x\,\mathrm{d}x = -\cos x + C$　　ⓕ $\int \cos x\,\mathrm{d}x = \sin x + C$

ⓖ $\int \dfrac{\mathrm{d}x}{\sin^2 x} = -\cot x + C$　　ⓗ $\int \dfrac{\mathrm{d}x}{\cos^2 x} = \tan x + C$

(c) シンプソンの公式

定積分を面積と考えると、「面積＝幅×平均の高さ」で定積分の値がわかるといえます。関数が三次以下の際には、2つの点とその真ん中の点の値を利用して平均の高さを見積もることができます。わかりやすく、$x=-1$、1とその真ん中の $x=0$ の $f(x)$ 値を使って示すと平均の高さ H は以下の式（重み付き平均）になります。

$$H=\frac{1}{6}(f(-1)+4f(0)+f(1))$$

この高さに幅（=2）をかけると面積（=定積分値）が求まります。

$$S=2H=2\times\frac{1}{6}(f(-1)+4f(0)+f(1))=\frac{1}{3}f(-1)+\frac{4}{3}ff(0)+\frac{1}{3}ff(1)$$

これを**シンプソンの公式**といいます。

（５） ベクトル

ベクトルとは、長さ、方向、向きをもった量です。$|\boldsymbol{u}|$ はベクトル $\boldsymbol{u}$ の長さ（大きさ）を表します。ベクトル $\boldsymbol{u}$、$\boldsymbol{y}$、$\boldsymbol{w}$ に**図表 4.4.2** のような関係がある場合には、$\boldsymbol{w}=\boldsymbol{u}+\boldsymbol{y}$ の関係が成り立ちます。

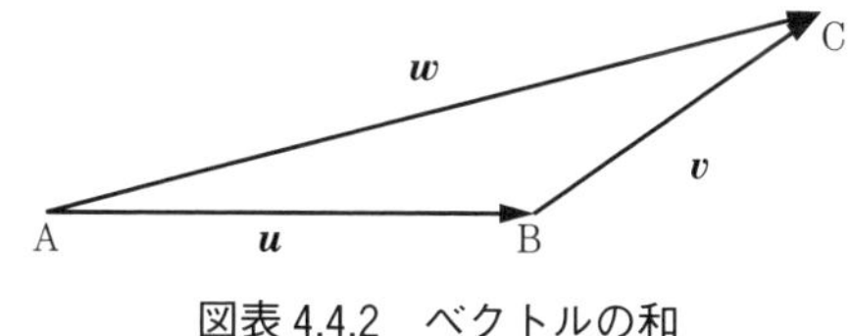

図表 4.4.2　ベクトルの和

ベクトルでは次のような関係が成り立ちます。

- $\boldsymbol{u}+\boldsymbol{v}=\boldsymbol{v}+\boldsymbol{u}$
- $(\boldsymbol{u}+\boldsymbol{v})+\boldsymbol{w}=\boldsymbol{u}+(\boldsymbol{v}+\boldsymbol{w})$
- $\alpha(\beta\boldsymbol{u})=(\alpha\beta\boldsymbol{u})=\beta(\alpha\boldsymbol{u})$
- $\alpha(\boldsymbol{u}+\boldsymbol{v})=\alpha\boldsymbol{u}+\alpha\boldsymbol{v}$
- $\boldsymbol{u}\cdot\boldsymbol{v}=\boldsymbol{v}\cdot\boldsymbol{u}$

ベクトル積は**外積**ともいい、$\boldsymbol{u}$ と $\boldsymbol{v}$ の積 $\boldsymbol{w}$ を図示すると、**図表 4.4.3** のようになります。$\boldsymbol{w}$ はその長さ $|\boldsymbol{w}|$ が、$\boldsymbol{u}$ と $\boldsymbol{v}$ から作られる平行四辺形の面積（$|\boldsymbol{u}||\boldsymbol{v}|\sin\theta$）であることから、**面積ベクトル**とも呼ばれます。また、その向きは、$\boldsymbol{u}$ と $\boldsymbol{v}$ を含む面に垂直で、$\boldsymbol{u}\rightarrow\boldsymbol{v}$ と回した場合の右ねじ方向になります。

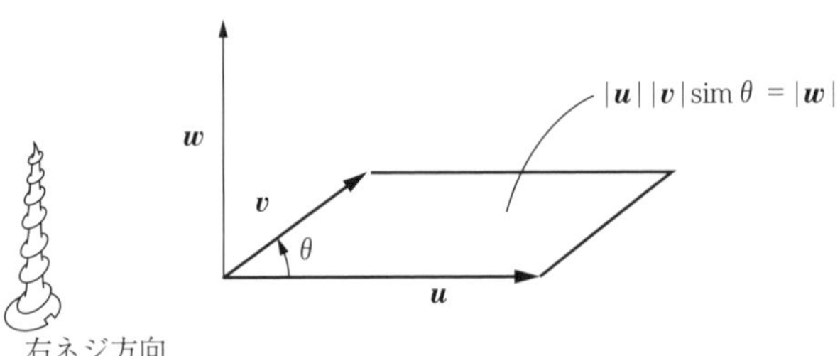

図表 4.4.3　ベクトル積

なお、ベクトル $\boldsymbol{u}$ と $\boldsymbol{v}$ とのスカラ積（$\boldsymbol{u}\cdot\boldsymbol{v}$）は**内積**ともいい、$|\boldsymbol{u}||\boldsymbol{v}|\cos\theta$ で定義されます。

内積を成分表示する場合には次のようになります。

① 平面ベクトルの場合

$\boldsymbol{u}=(u_1,\ u_2)$、$\boldsymbol{v}=(v_1,\ v_2)$

$\boldsymbol{u}\cdot\boldsymbol{v}=u_1v_1+u_2v_2$

② 空間ベクトルの場合

$\boldsymbol{u}=(u_1,\ u_2,\ u_3)$、$\boldsymbol{v}=(v_1,\ v_2,\ v_3)$

$\boldsymbol{u}\cdot\boldsymbol{v}=u_1v_1+u_2v_2+u_3v_3$

(a) ナブラ（∇）

直交座標系（$x,\ y,\ z$）において、（$\partial/\partial x,\ \partial/\partial y,\ \partial/\partial z$）というベクトルで表される微分演算子を**ナブラ**（∇）と呼びます。スカラ関数 f（$x,\ y,\ z$）をナブラ演算すると、（$\partial f/\partial x,\ \partial f/\partial y,\ \partial f/\partial z$）というベクトルになりますが、それは**勾配**（gradient）と呼ばれています。

$$\nabla f=\mathrm{grad}\ f$$

ベクトル $\boldsymbol{u}$ とのスカラ積 $\nabla\cdot\boldsymbol{u}$ とは、$\boldsymbol{u}$ の**ダイバージェンス**（divergence）になり次の式で表せます。

$$\nabla\cdot\boldsymbol{u}=\mathrm{div}\ \boldsymbol{u}=(\partial u_x/\partial x,\ \partial u_y/\partial y,\ \partial u_z/\partial z)$$

例題を使って具体的に説明すると、次のようになります。

【例題】3次元直交座標系（x, y, z）におけるベクトル $\boldsymbol{V}=(V_x, V_y, V_z)=(x^3, xy+y^2+z, y^2+z^2)$ の点(1, 1, 2)における発散を求めよ。ただし、ベクトル $\boldsymbol{V}$ の発散 $\mathrm{div}\,V$ は

$\dfrac{\partial V_x}{\partial x}+\dfrac{\partial V_y}{\partial y}+\dfrac{\partial V_z}{\partial z}$ で表される。

【解説】$\boldsymbol{V}=(x^3, xy+y^2+z, y^2+z^2)$ であり、

$\mathrm{div}\,\boldsymbol{V}=\dfrac{\partial V_x}{\partial x}+\dfrac{\partial V_y}{\partial y}+\dfrac{\partial V_z}{\partial z}$ なので、

$\mathrm{div}\,\boldsymbol{V}=3x^2+(x+2y)+2z$ である。点（1, 1, 2）においては、

$\mathrm{div}\,\boldsymbol{V}=3\times1^2+(1+2\times1)+2\times2=3+3+4=10$ となる。

(b)　ローテーション

ベクトル $\boldsymbol{u}$ とのベクトル積 $\nabla\times\boldsymbol{u}$ とは、$\boldsymbol{u}$ の**ローテーション**（rotation）になり次の式で表せます。

$$\nabla\times\boldsymbol{u}=\mathrm{rot}\,\boldsymbol{u}$$
$$=(\partial u_z/\partial y-\partial u_y/\partial z,\ \partial u_x/\partial z-\partial u_z/\partial x,\ \partial u_y/\partial x-\partial u_x/\partial y)$$

例題を使って具体的に説明すると、次のようになります。

【例題】2次元直交座標系（x, y）におけるベクトルを $\boldsymbol{V}=(V_x, V_y)=(y^2, x+y)$ とする。このとき、

関数 $\mathrm{rot}\,V=\dfrac{\partial V_x}{\partial y}-\dfrac{\partial V_y}{\partial x}$

の、点（3, 2）における値を求めよ。

【解説】$\boldsymbol{V}=(V_x, V_y)=(y^2, x+y)$ より、

$$\frac{\partial V_x}{\partial y}=2y$$

$$\frac{\partial V_y}{\partial x}=1 \quad ですので、$$

$$\mathrm{rot}\,\boldsymbol{V}=\frac{\partial V_x}{\partial y}-\frac{\partial V_y}{\partial x}=2y-1 \quad となります。$$

よって、点（3, 2）における値は、

$$\mathrm{rot}\,\boldsymbol{V}=2y-1=2\times2-1=3$$

(c) スカラ積

∇自身のスカラ積 $\nabla\cdot\nabla=\nabla^2$ は、**ラプラシアン**（Δ）と呼ばれる演算子になり次の式で表せます。

$$\Delta=\nabla\cdot\nabla=\nabla^2=\frac{\partial^2}{\partial x^2}+\frac{\partial^2}{\partial y^2}+\frac{\partial^2}{\partial z^2}$$

第5章

材料・化学・バイオに関するもの

技術者が製品などを作り上げるためには、材料が必要となります。そのために必要な知識として、「材料・化学・バイオ」という問題群ができたと考えられます。この問題群については、タイトルを見ただけでも扱う範囲が広いという印象を持つと思います。出題されている内容も、問題群の名称のとおり、①材料、②化学、③バイオテクノロジーについて出題されています。

しかし、材料というだけでも、鉱物材料や自然界の動植物から始まり、化石資源を加工した石油化学製品やその二次製品に至るまで、とても広い範囲の物質が対象となります。その中で、鉱物資源である金属1つを取っても、鉄、銅、アルミニウムをはじめとして多くの種類の金属がありますし、複数の金属を合わせた合金にすると、それが現す性質が変わってきます。もちろん、石油化学製品になると、世の中で必要な特性を持った製品がこれまでの工夫で作られ流通している点からも、材料という視点で見るとさまざまな種類があります。

化学についても、化学反応式を使ったものから原子構造までの問題が考えられますので、決して内容を絞りやすい項目とはいえません。さらにバイオテクノロジーに関しては、最近はバイオ材料から遺伝子組み換え技術までと話題が多い分野になります。このように、3つの項目それぞれが広い範囲の内容を含んでいますので、ある程度絞って勉強しなければ対応が難しい問題群であると思います。

1. 材料

材料といっても、物質であればすべて材料として使える可能性がありますので、その範囲は広いといえます。ここでは、基礎科目の材料の項目で試験に出題される可能性があるものに絞って説明をしていきたいと思います。

（1） 金属材料

金属は、古くから人類が手に入れて活用してきた素材です。最近ではセラミックスや半導体材料なども多く用いられていますが、やはり最も多く用いられているのは金属材料でしょう。そういった点から最初に金属材料について説明します。

(a) 金属元素の特性

金属結合の場合には、共有結合と同様に価電子を共有しますが、価電子の一部は特定の原子には局在せず、その原子が結合した結晶全体に広がり、どのイオンにも公平に所属した形になっています。このような価電子を**自由電子**と呼びます。このように、金属結合は、多数の金属イオンが空間内で規則正しく分布し、その中を自由電子が自由に動き回れるようになった結合をいいます。この自由電子の存在が、金属を電気の良導体としています。

金属は、水銀以外は常温で固体であり、機械的な加工を施すことができるだけではなく、下記のような多くの特徴を持っているため、広く材料として用いられています。

① 水に溶出するときに陽イオンになりやすい

② 金属光沢がある

③ 光や熱を反射する

④ 電気や熱の良導体である

⑤ 展性や延性がある

⑥ 引張強度が高い

(b)　金属の結晶構造と構造欠陥

金属で原子が集合する場合には金属結晶となります。金属結晶の多くは**図表 5.1.1** に示すような3つの基本構造をとります。

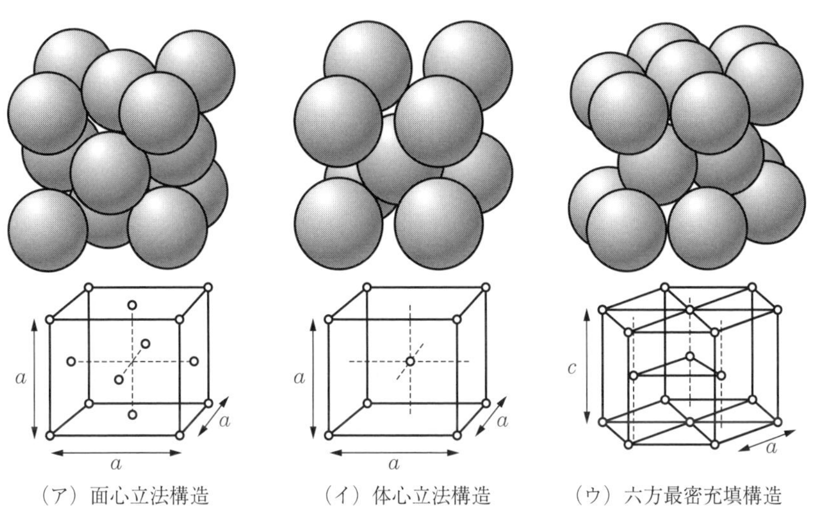

図表 5.1.1　金属の結晶構造の３基本形

1)　面心立方構造

面心立方構造は、各頂点の他に各面の中央にも格子点がある単位格子を持つもので、この構造を取る金属として、カリウム、白金、鉄、銅、アルミニウム、銀、ニッケル、金などがあります。図表 5.1.1（ア）のとおり、面心立方構造では、角に配置されている原子が8個で、その1/8ずつが単位構造の中に属していることになり、各面の中心に配置されている6個は1/2ずつが単位構造の中に属していますので、$8 \times (1/8) + 6 \times (1/2) = 4$［個］の原子が単位構造の中に属しています。

2)　体心立方構造

体心立方構造は、各頂点の他に中央にも格子点がある単位格子を持つもので、この構造を取る金属として、ナトリウム、クロム、カリウム、チタン、モリブデン、鉄、ニオブなどがあります。図表 5.1.1（イ）のとおり、体心立方構造では、角に配置されている原子が8個で、その1/8ずつが単位構造の中に属していることになり、真ん中の1個が完全に単位構造の中に属していますので、8×(1/8)+1=2［個］の原子が単位構造の中に属しています。

3) 六方最密充填構造

六方最密充填構造は、同じ大きさの玉を密に積み重ねた構造で、六方対称をした格子です。この構造を取る金属として、ベリリウム、マグネシウム、亜鉛、カドミウム、チタン、ニオブなどがあります。六方最密充填構造の場合は、単位構造が図表5.1.1（ウ）に示したうちの1/3となるので、角に配置されている原子が12個で、その1/6ずつが3つの単位構造の中に属していることになり、上下面の2個は1/2ずつが3つの単位構造の中に属しており、真ん中の3つが完全に3つの単位構造の中に属していることになります。そのため、12×(1/6)+2×(1/2)+3=6［個］の原子が3つの単位構造の中に属しているため、6÷3=2［個］の原子が単位構造の中に属しています。

上記の結晶構造は理想的な形状で、実際の結晶中には何らかの原因によって配列が乱れた部分が存在しています。このような場所を**格子欠陥**と呼んでいます。格子欠陥には、点状の欠陥と線状の欠陥があります。点状の欠陥は、原子が1個抜けた空孔、格子点の原子が原子間に押し込まれた格子間原子、違った種類の原子が置き換わった置換型不純物原子、空孔に不純物が入った侵入型不純物原子によって起きます。線状の欠陥は、原子の位置のずれが線状につながった欠陥で、機械加工などの強い応力が加わったことが原因とされています。その中で**転位**と呼ばれる現象は、金属の塑性変形との関連が強く重要なものです。

なお、非結晶状態の金属を**アモルファス金属**と呼んでおり、従来の金属にはない、高強靭性、高耐食性、優れた磁気特性などの特長を持っています。

(c) 金属の特性

1) 金属の導電率

電気の流れは、金属イオン格子の中を伝導電子が移動することで生じています。しかし、この金属イオンは振動しているため、電子がそれにぶつかることで抵抗が生じます。金属の温度が上がると金属イオンの振動が激しくなるため、電子の流れが阻害されます。そのため、温度が上がると導電率は低くなります。金属の導電率は金属の種類によって変わりますが、高いほうから並べると、銀、銅、金、アルミニウム、マグネシウム、ナトリウム、亜鉛、カリウム、ニッケル、鉄、白金、錫になります。

2)　金属の融点

金属を融点が高いほうから並べると、タンタル、モリブデン、白金、鉄、ニッケル、銅、金、銀、アルミニウム、マグネシウム、亜鉛、鉛、錫になります。

3)　金属の密度

主な金属の密度を大きい方から並べると、白金、金、鉛、銀、銅、ニッケル、鉄、亜鉛、アルミニウムになります。

4)　金属の変形

金属の塑性は、結晶内の原子が同質の陽イオンで、自由電子が形成する陰電荷による金属結合で結ばれていることによります。弾性限界内では、応力が増加するとひずみが増加します。応力（T）とひずみ（ε）の間の比例定数（$E=T/\varepsilon$）を**ヤング率**といいます。ヤング率は、温度が高くなると小さくなります。また、ヤング率は金属の種類によっても違い、マグネシウムのヤング率は45 GPa程度ですが、タングステンのヤング率は410 GPa程度です。金属に働く応力が弾性限界を超えると、応力の増加がないままに塑性ひずみが急激に増加しますが、その応力値を**降伏応力**といいます。この降伏応力は、金属の結晶粒径と関係があり、次の**ホール・ペッチの式**が成り立ちます。

$$\sigma_y = \sigma_i + \frac{k}{\sqrt{d}}$$

σ_y：下降伏点　　σ_i：転移の摩擦抵抗
k：比例定数　　d：結晶粒径

そのため、結晶粒径が小さくなるほど、降伏応力は大きくなります。

金属の破壊には、十分な塑性変形を起こしてから破壊が始まる**延性破壊**と、塑性変形を伴わず割れの急速な進展によって破壊する**脆性破壊**があります。また、金属のような結晶体に塑性変形を与えた場合、格子欠陥が蓄積されて弾性限界が高まる現象が生じますが、これを**加工硬化**といいます。加工硬化した金属を加熱すると、内部に存在している不安定な格子欠陥が熱活性によって消失し、弾性限界がもとに戻ります。この作用を**焼きなまし**と呼びます。そういった操作をすることなく、金属に繰り返し応力を加え続けると、小さい応力で破壊する現象が生じますが、それを**疲労破壊**といいます。また、一定の応力を長期間かけ続けると、時間とともに塑性変更が増加していく現象が生じます。それを**クリープ**と呼び、さらにそれを続けていると、クリープ破壊に至ります。

5） 金属材料の腐食

腐食とは、金属表面で化学的な反応が起きて酸化する現象ですが、金属は純金属よりも酸化物である方が安定ですので、自然界では酸化物として存在している場合が多くなります。金属の腐食では、水分の共存下で金属表面に電解液が形成されて、化学反応によって腐食される**湿腐食**と、水分が共存しない環境で酸化する**乾腐食**がありますが、空気中であれば、腐食速度は温度が高くなると増大します。また、金属表面において濃度などの条件が不均一になるなどの条件がそろうと、金属表面で電位差が生じて**局部腐食**が起きます。なお、引張り応力を受けている材料が腐食環境にある場合には、**応力腐食割れ**という現象が生じます。似たような現象として、硫化物水溶液中の鋼割れがあります。さらに、水素雰囲気中で金属を加熱すると、水素の吸収によって金属材料が脆化する**水素脆化**という現象が生じる場合もあります。

(d) 代表的な金属材料

金属材料は、さまざまな性質を持っており、種々な分類方法があります。そのひとつとして、金属の比重によって分類する方法があり、**重金属**（金、白金、銅、鉛、鉄など）と**軽金属**（アルミニウム、マグネシウム、チタンなど）があります。一般に、4.0 g/cm^3 以上のものを重金属と呼んでいます。以下に、代表的な金属の特徴を示します。

1） 鉄

鉄は、地球表面付近では多量に存在しており、現代社会においては基礎的な資材として、広い分野で用いられています。純鉄の密度は 7.87 g/cm^3 で、融点は 1,535 ℃ですが、産業で生産されているもののほとんどが、炭素鋼として生産されています。その炭素の含有量によって、材料としての特性が変化するため、次のように区分されています。

① 鉄：炭素含有量 0.02 %以下

② 鋼：炭素含有量 0.02～2.1 %

③ 鋳鉄：炭素含有量 2.1～6.7 %

このうちで、鋼はさらに、普通鋼（軟鋼）と特殊鋼に分けられます。また、鉄にニッケルやクロム、モリブデンなどを加えた合金鋼としても広く使われています。鉄に 10.5 %以上のクロムを含有した合金をステンレス鋼といい、ステンレス鋼の表面は、不働態被膜と呼ばれる厚さ数 nm の緻密で密着性の高い膜で覆われているため耐食性が高くなります。また、鉄は強磁性を示すため、磁性体としての利用もなされています。なお、鉄は、焼きなまし、焼ならし、焼入れ、焼きもどしなどの熱処理によって性質や特性が変わります。

2) アルミニウム

アルミニウムは、金属元素の中で地球上に最も多く存在しています。アルミニウムの密度は、2.70 g/cm^3 で、融点が 660.3 ℃の代表的な軽金属になります。工業的な生産方法としては、ボーキサイトを含む鉱石から抽出したアルミナを電気分解して製造しますので、生産するための電力コストが高いのが特徴です。アルミニウムは金属の中では軽く加工性に富んでおり、きわめて酸化されやすい特性をもっていますが、酸化物は緻密かつ堅ろうとなり、不働態化しますので、表面に酸化膜を形成した場合には腐食性に富んだ素材となります。アルミニウムは、純度が高いほど健全な酸化膜を形成しますので耐食性が高くなりますが、不純物濃度が高まると被膜が不完全となり耐食性が落ちます。なお、アルミニウムは両性金属で、酸と塩基の両方の水溶液に溶けて水素を発生させます。

$$2Al + 6HCl \rightarrow 2AlCl_3 + 3H_2\uparrow$$

$$2Al + 2NaOH + 6H_2O \rightarrow 2Na[Al(OH)_4] + 3H_2\uparrow$$

なお、アルミニウム 95 %に 4 %の銅とマグネシウム 0.5 %、マンガン 0.5 %

を加えた合金を**ジュラルミン**といい、航空機などに用いられています。

3） 銅

銅は、鉄などと比べると地球上では少ない金属ですが、自然銅の形で産出したことや融点が1,084 ℃と比較的低いので、古くから人間に利用されてきた金属です。銅の比重は、8.96 g/cm^{3}ですので、重金属に属します。銅は汎用金属のなかで最も優れた電気伝導性と熱伝導性を持っていますし、加工しやすく耐食性も高い金属です。また、青銅器時代から合金としての利用も広く行われてきました。亜鉛との合金は、**黄銅**または真鍮と呼ばれ、加工性や鋳造性、耐食性が良く、安価であるため、熱交換器や建築用金具、日用品などに用いられています。また、錫との合金は**青銅**として、美術工芸品や寺の鐘、船舶部品、機械部品などに使われています。

4） チタン

チタンは、近年になって精錬法が確立し、急激に用途を広げてきている金属です。チタンの製造法としては、不活性ガスの中で四塩化チタン（$TiCl_4$）をマグネシウム（Mg）で還元する方法が用いられています。融点は1,660 ℃で、密度は4.50 g/cm^{3}と比較的軽い金属です。チタンは強度が高く、耐熱性と耐食性に優れているため、航空機用構造材、海水使用プラントの復水器、熱交換器などの特殊材料として利用されています。ニッケル系合金は、**形状記憶合金**として利用されています。さらに最近では、酸化チタンが**光触媒**として広く利用されるようになってきており、抗菌剤や防汚剤として使われています。

5） 亜鉛

亜鉛は、鉄に対してアノードとなり錆の発生を防ぐ効果がありますので、亜鉛メッキ鋼板（トタン）の材料として広く利用されています。亜鉛の原料となる鉱石は閃亜鉛鉱で、その主成分は硫化亜鉛（ZnS）です。また、亜鉛は銅やアルミニウムなどの金属と合金を作りやすいため、合金材料としても多く利用されています。

6） マグネシウム

マグネシウムは、地殻中で炭酸塩やケイ酸塩などとして存在するだけではなく、岩塩や海水中にも豊富に含まれています。マグネシウムは、主に溶融塩の電解法を用いて製造されます。マグネシウムの合金は軽量であり、自動車や航空機の材料として用いられています。

7)　白金

白金は空気中で熱しても酸化せず、純白金は展性と延性に富んでいます。白金は、広く触媒としての利用が行われており、燃料電池や自動車排気ガス処理用の触媒としても活用されています。触媒以外の利用としては、熱電対や接点などの電気材料としてや、装飾用や歯科材料として用いられています。

(2)　無機材料

無機化合物は、有機化合物以外のものを指しますが、ここでは、有機化合物と金属を除いたものをいくつか説明します。

(a)　セラミックス

セラミックスは、成形や焼成などの工程を経て生成される非金属無機材料を指し、古代では土器として使われており、人類とのかかわりが最も古い材料といえます。セラミックスは、主に**イオン結合**によって原子が結びついています。これまでも、セラミックスが持つ耐熱性を利用して、炉壁材やスペースシャトルの断熱材などに用いられてきました。最近では、ファインセラミックスやニューセラミックスといわれる新素材として、多くの製品や部品に利用されています。素子抵抗が負の温度係数を持つものは温度制御のサーミスタとして利用されていますし、その絶縁特性を利用して、碍子や集積回路基板としても利用されています。オームの法則に従わない非線形抵抗を持つものはバリスタとして利用されていますし、圧力を加えると誘電分極して電圧が生じる**圧電効果**を生じるものもあります。なお、酸化バリウムと酸化チタンの化合物は、常温で高い比誘電率を持つことから、コンデンサとして使用されています。ニューセラミックスの中で高硬度なものは、軸受や研磨材などに使われていますし、金属酸化物セラミックスは超電導材料としても注目されています。また、生体との親和性が良いものもあり、それらは歯、骨、関節などの代替組織として用いられています。セラミックスが持つ機能としては、高絶縁性、誘電性、圧電性、焦電性、強誘電性、半導体性、電子導電性、イオン導電性、磁性、偏光性、透光性などがあります。

(b) ガラス

ガラスは、一般にガラス状態となった物質を指します。**ガラス状態**とは、液体状の高温溶融体が結晶化しないで冷却して、固体状態となった非結晶状態をいいます。ガラスはその透過性が最も尊重されています。窓ガラスや光ファイバーとしての利用がその例になります。なお、鉛ガラスには四酸化三鉛（Pb_3O_4）が用いられます。ガラスは加工性には優れていますが、壊れやすいという欠点も持っていました。最近では、強化ガラスなどの開発も行われ、そういった欠点を克服する素材も登場しています。また、光反射性を高くした熱線反射ガラスなども省エネルギーの観点から利用されるようになってきていますし、間に空気層をはさんだ高断熱積層ガラスも用いられるようになってきています。近年の情報化という面では、光ファイバーとしてのガラスの利用は欠かせません。光ファイバーは、屈折率の高いコアと、その周りにある屈折率がコアより１％程度低いクラッドからできています。その屈折率の差によって、光はコア中を進んで行きます。光ファイバーには、**シングルモード光ファイバー**と**マルチモード光ファイバー**があり、長距離伝送にはシングルモード光ファイバーが用いられます。

(c) 半導体材料

半導体は、室温における電気伝導率が、金属と絶縁体の中間の値を示す物質をいいます。半導体材料として広く用いられているのがシリコン（Si：けい素）になります。シリコンは、地表の岩石中に多く含まれている元素ですので、世界に豊富に存在しています。その他の半導体単体元素には、Ge、Sn、Se、Te などがありますし、金属化合物としては、NiSb や GaAs などがあります。半導体で、伝導電子密度と正孔密度が等しいものを**真性半導体**と呼びます。真性半導体は、温度が高くなると抵抗が小さくなります。4 価の真性半導体に、ひ素、アンチモン、リンなどの5価の原子を微量混入させると**n型半導体**となります。

n型半導体では、自由電子密度が正孔密度よりも高くなりますので、多数キャリアは自由電子で、少数キャリアが正孔になります。また、4価の真性半導体に、アルミニウム、ガリウム、ホウ素、インジウムなどの3価の原子を微量混入させると**p型半導体**となります。p型半導体では、正孔密度が自由電子密度よりも高くなりますので、多数キャリアは正孔で、少数キャリアが自由電子になります。

ダイオードは、非対称な電圧・電流特性を持つ2端子素子をいいます。ダイオードに順方向電圧を加えていくと電流は流れますが、逆方向電圧を加えても電流は流れません。ただし、逆方向電圧を大きくしていくと、ある所で急激に電流が流れます。ダイオードで広く用いられるのが**pn接合ダイオード**です。pn接合ダイオードは、p型半導体とn型半導体を接合面で接合させて作るダイオードです。pn接合ダイオードで最近話題となっているのが、**発光ダイオード**（LED）です。LEDは、pn接合に順方向電流を流して接合領域に少数キャリアを注入し、少数キャリアと多数キャリアが再結合する際に発生する光を取り出すダイオードです。光の色は、結晶の種類と添加物によって決まります。

(d)　黒鉛・炭素製品

炭素の1種である黒鉛は、高温で酸化されやすいという点を除けば、融点が高く（3,500℃以上）、熱や電気の伝導性が高く、熱膨張が少ないだけでなく、化学成分の浸食にも強いという特徴を持っています。また、炭素繊維は軽量で引張強度が高く、合成樹脂と組合せたコンポジットとして、航空機、宇宙船、高圧ボンベ補強材などに利用されています。

なお、炭素の同素体はこれまで正四面体状に強く結合しているダイヤモンドと、正六角形を作って平面状に配列している**グラファイト**の2種が知られていましたが、球状のサッカーボール型分子C_{60}フラーレンが第3の同素体として発見されました。なお、ダイヤモンドは固い結晶ですが、グラファイトはうろこ状のやわらかい黒鉛です。また、**フラーレン**は、60個以上の炭素原子が強く結合して、球状あるいはチューブ状に閉じたネットワーク構造を形成しています。フラーレンの代表選手であるC_{60}はサッカーボールと同じ形をした球形分子で、直径は約0.7ナノメートルです。

さらに、最近では**カーボンナノチューブ**（略称CNT）と呼ばれる筒状のものが発見されています。CNTは、炭素によって作られる六員環ネットワークが単層または多層で同軸管状になった物質です。単層のものをシングルウォールナノチューブ（SWNT）、複層のものをマルチウォールナノチューブ（MWNT）と呼びます。なかでも二層のものをダブルウォールナノチューブ（DWNT）と呼んでいます。

（3） 高分子材料

高分子をその構造から分類すると、ビニル系高分子、縮合系高分子、天然系高分子があります。高分子は、共有結合により結びついた原子からなる分子が2次的な結合をしています。一般に高分子は重合度が100以上で、分子量が10,000以上のものをいいます。

高分子の利用法として最初に行われたのは、繊維としての利用です。もちろん最初は、木綿や麻などの天然繊維が利用されましたが、その後、合成繊維が用いられるようになっています。合成繊維の代表としては、ナイロン（ポリアミド）、ポリエステル、アクリルがあり、これらを三大合成繊維と呼んでいます。

プラスチックも高分子材料の一つですが、プラスチックはさまざまな性質を持っており、それらを利用していろいろな製品に加工されています。最近では、**エンジニアリングプラスチック**と呼ばれるような、機械加工ができ、強度や耐熱性が金属と比較しても劣っていない高分子も多くなっています。プラスチックの利用例をいくつか紹介します。

① 透光性：窓ガラス、光ファイバー、レンズ、照明カバー
② 硬度：ヘルメット、建材、窓枠、パイプ、ベアリング、歯車
③ 発泡性：断熱材、梱包材
④ 耐薬品性：瓶、機械部品
⑤ 軟質性：玩具、ホース、レインコート

⑥　可塑性：ポリ袋、バンパー、ひも、壁紙
⑦　加工性：電気製品の外装、自動車部品、装飾材、食器
⑧　高弾性：タイヤ、ボール、靴
⑨　硬化性：接着剤、シール材
⑩　軽量性：各種部品、フィルム、容器
⑪　生体親和性：人工血管、生体材料
⑫　電気特性：電気絶縁材料、圧電材料、センサ、磁性材料、電線材
⑬　透過性：イオン交換膜、逆浸透膜、透析膜

このように、多くの優れた特性をもっているために、プラスチックは多量に利用されています。そういった現状から、最近ではプラスチックのリサイクルが非常に重要なテーマとなっています。プラスチックの投棄による問題として、**マイクロプラスチック**の海洋汚染等が大きな話題となっており、**バイオマスプラスチック**の活用が検討されています。バイオマスプラスチックの材料としては、トウモロコシなどから作られるポリ乳酸やみまし油由来のバイオポリウレタンなどがあります。

（４）　天然素材

天然素材は古くから人に利用されてきました。天然素材として多く用いられてきたものとして木材や皮革、植物繊維などがあります。そのうちで多く用いられているものとして、木材があります。木は、葉で作られた砂糖を使ってセルロースを作ります。**セルロース**は長い分子で、お互いにくっつきあう性質を持っています。木材はそのセルロースがお互いにからみあってできていますが、セルロースの絡み合いだけでは、すき間だらけの構造になります。そのすき間に**リグニン**という物質が入り込み、がっしりとした構造を作り上げていきます。このリグニンが少ない植物として木綿や麻があり、木材との性質の差をリグニンが作りだしているのがわかります。そのセルロースとリグニンを結びつけている物質として**ヘミセルロース**があります。これらの３つの物質が木材

を構成しています。

木材の細胞は寿命が短く、死ぬ前に細胞壁を厚くして、細胞の中の穴や細胞壁の表面に樹脂や色素を詰め込んでいきます。それによって、微生物の攻撃を防ぐ防腐作用を持つようになります。樹木の幹の中で生きている細胞の数は多くはなく、心材となる部分の細胞は防腐効果を持ってはいますが、死んだ細胞からできています。それによって、樹木は自然界の中で、長い期間風雨に耐えて育ち続けることができるのです。

木材の成分は樹種によって違いますが、一般的に、セルロース約50％、リグニン約30％、ヘミセルロース約20％からなり、これからセルロースを取り出してパルプや紙を生産します。

（5） 材料に関する特性

材料は、その特性を生かして使う必要がありますので、最後に特性別に優れた順番を確認しておきたいと思います。

(a) 密度

密度が大きい方から並べると、鋼、アルミニウム、コンクリート、プラスチック、れんが、木材、スチレンフォームになります。

(b) 比熱

単位重量当たりの比熱が大きい方から並べると、ポリエチレン、テフロン、アルミニウム、ガラス、溶融シリカ、炭素、鉄、鉛になります。

(c) 熱伝導率

金属の熱伝導は、自由電子による**電子伝導**と結晶格子を構成する原子の格子振動（フォノン）による**格子伝導**がありますが、高純度の金属においては、自由電子の平均自由行程が格子振動よりも長いため、電子伝導によって熱伝導が効率的に行われます。金属材料の熱伝導率の高いほうから並べると、銀、銅、金、アルミニウム、マグネシウム、ナトリウム、亜鉛、カリウム、ニッケル、クロム、鉄、白金、錫になります。合金の場合には、不純物散乱による熱抵抗が大きくなるので、一般的に純金属よりも熱伝導率は低くなります。

一方、セラミックスやプラスチック、ガラスには自由電子は存在しませんので、格子振動のみとなり熱伝導率が下りますが、ガラスのように結晶格子が不規則な場合には、格子振動が乱れて結晶質の物質よりも熱伝導が低下します。また、セラミックスで内包する気孔率が増えると、空気による断熱効果のために、熱伝導率は下がります。

高分子の熱伝導では、原子や分子の熱振動が格子波として伝搬しますので、結晶化率が高く規則的な構造を持つ高分子は、格子波が散乱されないで伝搬します。このため、結晶化率が高く規則的な構造を持つ高分子は、同じ物質の非結晶のものより大きい熱伝導率を示します。

(d)　クラーク数

クラーク数は、地球球皮部の構成百分率（％）を示したもので、その内容を**図表 5.1.2** に示します。

図表 5.1.2　クラーク数

元素	クラーク数	元素	クラーク数	元素	クラーク数
酸素	49.5	マグネシウム	1.93	亜鉛	4×10^{-3}
けい素	25.8	水素	0.87	錫	4×10^{-3}
アルミニウム	7.56	チタン	0.46	鉛	1.5×10^{-3}
鉄	4.70	マンガン	0.09	水銀	2×10^{-5}
カルシウム	3.39	炭素	0.08	銀	1×10^{-5}
ナトリウム	2.63	ニッケル	0.01	白金	5×10^{-7}
カリウム	2.40	銅	0.01	金	5×10^{-7}

2. 化学

すべての物質は、単純な構成要素である元素でできています。それらの元素が結合して、さまざまな性質を発現する物質ができますし、いくつかの物質が反応して、また新たな物質に変化します。そういった物質の構造や性質、反応について研究するのが化学になります。

（1） 化学の基礎

化学の基本は元素になります。1種類の元素からなる物質を**単体**と呼び、複数の元素が一定の割合で結合しているものが**化合物**になります。各元素には、固有な基本粒子が存在しており、これを原子といいます。原子の名称は元素記号と同じです。元素を原子番号の順に並べ、性質のよく似た元素を縦に並べた配置表を元素の**周期表**といいます。元素の周期表を第4周期まで示したのが、**図表5.2.1**になります。

図表5.2.1　元素の周期表

	1	2	3	4	5	6	7	8	9	10	11	12	13	14	15	16	17	18
1	H																	He
2	Li	Be											B	C	N	O	F	Ne
3	Na	Mg											Al	Si	P	S	Cl	Ar
4	K	Ca	Sc	Ti	V	Cr	Mn	Fe	Co	Ni	Cu	Zn	Ga	Ge	As	Se	Br	Kr

原子は、1個の原子核とその周りを取り巻くいくつかの電子でできています。原子核は、さらに陽子と中性子からできています。原子核に含まれる陽子の数はそれぞれの元素で決まっており、その数を**原子番号**と呼びます。原子核に含まれる陽子と中性子の数の和によって原子の質量が定まりますが、これを**質量数**といいます。同じ元素の原子であっても。質量数が異なる原子を**同位体**といい、同位体を区別するときは、下記に示すように、元素記号の左下に原子番号を、左上に質量数を付記します。

質量数……4　　　　質量数＝陽子の数＋中性子の数

$${}^{4}_{2}\mathrm{He}$$

原子番号…2　　　　原子番号＝陽子の数

なお、1種類の同じ元素からできていながら性質の異なる単体を**同素体**といいます。リンを例にすると、黄リンは淡黄色で、空気中では徐々に酸化し、暗所で青白色の微光を放ちますが、赤リンや紫リンは化学的にはやや不活発です。

(a)　原子量と分子量

原子の質量は非常に小さいために、「炭素の同位体の1つである質量数が12

の炭素原子の質量を基準として、これを 12 として各原子の相対質量を表す。」と国際的に取り決められました。各元素には同位体が存在しますので、各元素の相対質量に存在比をかけて平均したものが**原子量**となります。分子においても、分子に含まれる原子の原子量を合計したものが**分子量**となります。

(b)　化学結合

原子と原子の結合には、イオン結合や共有結合、金属結合などがあります。その中で**イオン結合**は、正イオンと負イオンとなった原子間に発生する**クーロン力**によって結合した形態をいいます。

それに対して、原子の最外殻の電子は一定の規則に従った配置をしますが、最外殻の電子には２個の電子同士が対をなしている電子対と、単独で存在する不対電子があります。原子同士が近づくと原子間でそれらの不対電子が両方の原子に共有されて結合する場合がありますが、それを**共有結合**といい、非金属原子間の結合に多くみられます。水素（H_2）や塩素（Cl_2）などの同じ２つの原子で構成されている分子は、電子対がどちらの原子にも偏らずに、両方の原子に共有されます。しかし、塩化水素（HCl）のように違った原子で構成される分子では、共有電子対が強い原子の方に引き寄せられます。それによって電荷の偏りが生じますが、そういった結合の場合には**極性を持つ**といいます。二酸化炭素（CO_2）の場合は、直線的で対称的に原子が配置されますので、極性は生じません。一方、二酸化硫黄（SO_2）は、硫黄を頂点として、酸素が 119 度の角度を持って折れ線状に配置していますので、極性を持ちます。また、メタンは、正四面体を構成するため、やはり極性は生じませんし、エチレン（C_2H_4）は、それぞれの炭素が $H_2C=CH_2$ のように、炭素と２つの水素と結合しており極性は持ちません。概要は**図表 5.2.2** を参照ください。

(c)　物質量

物質の量は、質量だけではなく個数で表す必要もあるため、構成粒子の個数で物質の量を表す基準として、次のような国際的な取り決めがなされています。

「炭素の同位体 ^{12}C の 12 g に含まれる原子の数を基準として、これと同じ数の単位粒子数を物質の量の単位として、１モル（mol）とする。」

図表 5.2.2　無極性分子と極性分子

無極性分子	H_2 H–H	CO_2 O–C–O	CH_3 (H, C, H, H, H)
極性分子	H_2O O H　H	HCl H → Cl	SO_2 S O　119°　O

1モル当りの単位粒子の数を**アボガドロ定数**といい、その値は、6.022×10^{23} mol^{-1} になります。

また、物質量を表す方法として下記のものがあります。

1)　モル質量

物質1 mol 当たりの質量を**モル質量**といいます。具体的には ^{12}C の炭素原子のモル質量は 12 g/mol であり、水分子（H_2O）のモル質量は 18 g/mol となり、その物質の原子量や分子量に等しくなります。

2)　モル体積

物質1 mol 当たりの体積を**モル体積**といいます。モル体積は次の式で表されます。

モル体積＝モル質量/密度

アボガドロの法則によると、同温・同圧の条件では、気体の種類に関係なく同じ体積の気体には同数の分子が含まれます。そのため、同温・同圧では、気体のモル体積は一定になります。具体的には、温度0℃で、圧力1気圧とすると、モル体積は 22.4 ℓ/mol になります。

3)　モル比熱

モル比熱は、物質1 mol に対する熱容量を表しますので、その物質の比熱とモル質量との積に等しくなります、比熱として、定積比熱をとった場合を**定積モル比熱**、定圧比熱をとった場合を**定圧モル比熱**といいます。

4)　モル分率

モル分率は、１成分の物質量と全成分の物質量との比をいいます。物質Ａが a モル、物質Ｂが b モルあるときの物質Ａのモル分率は次の式で表せます。

$$モル分率=\frac{a\ [\mathrm{mol}]}{a\ [\mathrm{mol}]+b\ [\mathrm{mol}]}$$

5)　容量モル濃度

容量モル濃度は、溶液１リットルに含まれる溶質のモル数で、単位は mol/ℓ になります。

6)　質量パーセント濃度

質量パーセント濃度は、次の式で表せます。

$$質量パーセント濃度=\frac{質量パーセント濃度[\mathrm{g}]}{質量パーセント濃度[\mathrm{g}]+溶媒の質量[\mathrm{g}]}\times 100[\%]$$

質量パーセント濃度を使った例題を具体的に示します。

【例題】重量パーセントがアルミニウム 96.0 wt%、銅 4.00 wt%の合金組成を、原子パーセントで示した場合、アルミニウム（at%）及び銅（at%）はそれぞれいくつになるか。ただし、アルミニウム及び銅の原子量は、27.0 及び 63.5 である。

【解説】原子パーセントを求めるには、重量パーセントを原子量で割った比率を求めればよいので、次の比になります。

$$アルミニウム：銅=\frac{96}{27}:\frac{4}{63.5}=\frac{24}{27}:\frac{1}{63.5}=24\times 63.5:27=1{,}524:27$$

上記の比率より、銅とアルミニウムの原子パーセントは次のようになります。

$$銅の原子パーセント=\frac{27}{1{,}524+27}\fallingdotseq 0.0174\rightarrow 1.74\ [\%]$$

$$アルミニウムの原子パーセント=100-1.74=98.26\ [\%]\rightarrow 98.3\ [\%]$$

7)　ppm

ppm は 100 万分率で、100 万分の 1 の意味です。

モル数を使った例題をここで具体的に考えてみます。

【例題】 アルコール酵母菌のグルコース（$C_6H_{12}O_6$）を基質とした好気呼吸とエタノール発酵は次の化学反応式で表される。

好気呼吸　$C_6H_{12}O_6+6O_2+6H_2O \rightarrow 6CO_2+12H_2O$

エタノール発酵　$C_6H_{12}O_6 \rightarrow 2C_2H_5OH+2CO_2$

いま、アルコール酵母菌に基質としてグルコースを与えたところ、酸素を 3 モル吸収し、二酸化炭素を 7 モル発生した。このとき、好気呼吸で消費されたグルコースとエタノール発酵で消費されたグルコースのモル比を求めよ。

【解説】 この問題では、吸収した酸素が 3 モルであるので、好気呼吸の化学反応式から、グルコースは 3/6（=0.5）モル消費されたことがわかります。その際に発生する二酸化炭素は 6×0.5=3 モルとなります。発生した二酸化炭素は 7 モルですので、エタノール発酵で発生した二酸化炭素は 4 モルであるのがわかります。よって、エタノール発酵の化学反応式から、エタノール発酵で消費されたグルコースは 2 モルとなります。したがって、それらの比は次のようになります。

好気呼吸で消費されたグルコース：エタノール発酵で消費されたグルコース

=0.5：2=1：4

(d)　イオン化列

金属のイオン化傾向の順序を、イオンになり易いものから順に並べたものを**イオン化列**といいます。具体的には下記の通りです。

K＞Ca＞Na＞Mg＞Al＞Zn＞Fe＞Ni＞Sn＞Pb＞(H)＞Cu＞Hg＞Ag＞Pt＞Au

カリウム（K）から鉛（Pb）までは、塩酸や希硫酸と反応して水素を発生しますが、銅（Cu）から銀（Ag）までは、硝酸や熱濃硫酸と反応します。

(e)　接頭語

化学の世界では、単位の 10^n 倍の接頭記号をよく用いますので、それを**図表5.2.3**に示します。

図表5.2.3　SI接頭記号

記号	名称	倍数	記号	名称	倍数
P	ペタ	10^{15}	d	デシ	10^{-1}
T	テラ	10^{12}	c	センチ	10^{-2}
G	ギガ	10^9	m	ミリ	10^{-3}
M	メガ	10^6	μ	マイクロ	10^{-6}
k	キロ	10^3	n	ナノ	10^{-9}
h	ヘクト	10^2	p	ピコ	10^{-12}
da	デカ	10	f	フェムト	10^{-15}

(2)　化学反応

ある分子と他の分子、またはイオンや遊離基が出会ったとき、それらの分子同士は変化をして、別の分子またはイオンを生成する場合があります。この変化を**化学反応**と呼びます。その化学反応の結果として、新しい化学物質を生成させたり、熱エネルギーを取り出したりすることができます。化学反応を考える場合には、どういった物質同士が化学反応を起こすのか、その反応がどのような方向に進み、どこで停止するのか、さらには、その反応の速さはどれくらいかなどを考える必要があります。特に化学反応速度については、急激に進むものと、腐食反応のように時間をかけてゆっくり進むものがあります。

(a)　化学反応式と熱化学方程式

化学反応式は化学反応の内容を表す式で、反応物の化学式を左辺に示し、生成物の化学式を右辺に示して、反応の向きを矢印で表します。具体的な化学反応式を次に示します。

$$CH_4 + 2O_2 \rightarrow CO_2 + 2H_2O$$

この反応は発熱反応ですので、**熱化学方程式**で示すと次のようになります。

CH_4（気）$+ 2O_2$（気）$= CO_2$（気）$+ 2H_2O$（液）$+ 891$ kJ

これとは逆に吸熱反応の場合は、次のように表します。

H_2O（液）$= H_2O$（気）$- 441$ kJ

また、熱化学方程式として重要な法則に、**ヘスの法則**または総熱量不変の法則があり、次のようなものです。

「最初と最後の物質の状態が定まれば、反応の経路にかかわらず、出入りする熱量の総和は一定である」

具体的な例で説明すると、次のような①〜③の反応がわかっているとすると、CO（気）と H_2O（液）の熱化学方程式がわかります。

CO（気）$=$ ~~C（黒鉛）~~ $+$ ~~(1/2) O_2（気）~~ $- 111$ kJ ……①

~~C（黒鉛）~~ $+$ ~~O_2（気）~~ $= CO_2$（気）$+ 394$ kJ ……②

H_2O（液）$= H_2$（気）$+$ ~~(1/2) O_2（気）~~ $- 286$ kJ ……③

CO（気）$+ H_2O$（液）$= H_2$（気）$+ CO_2$（気）$- 3$ kJ

このように、これら3つの式からCO（気）と H_2O（液）の反応は、吸熱反応であるのがわかります。

また、共有結合を切断するために必要なエネルギーを**結合エネルギー**と呼び、1モル当たりの値で表します。結合エネルギー使った例題をここで具体的に考えてみます。

【例題】次の結合エネルギーを用いて得られる、1 molの塩化水素HClの生成熱[注)]の値はいくつか。

結合エネルギー　H–H：436 kJ/mol、Cl–Cl：243 kJ/mol、
H–Cl：432 kJ/mol、

注）生成熱：化合物1 molが、その成分元素の単体から生成するときの反応熱をいい、発熱反応の場合を負の値で表す。

【解説】問題文に示された結合エネルギーを熱化学反応式で表すと次のように

なります。

$H_2 = 2H - 436\ kJ$ ……①

$Cl_2 = 2Cl - 243\ kJ$ ……②

$HCl = H + Cl - 432\ kJ$ ……③

上記３式は次の変形できます。

$\frac{1}{2} H_2 = H - 218\ kJ$ ……①′

$\frac{1}{2} Cl_2 = Cl - 121.5\ kJ$ ……②′

$H + Cl = HCl + 432\ kJ$ ……③′

上記３式から次の熱化学反応式になります。

$$\frac{1}{2} H_2 + \frac{1}{2} Cl_2 = HCl + 92.5\ kJ$$

問題文中の注）から、この反応は吸熱反応ですので、生成熱は-92.5 kJとなります。

(b)　化学反応速度と化学平衡

化学反応にはそれぞれ独自の反応速度がありますし、化学反応が化学平衡となるものもあります。

1)　化学反応速度

化学反応の場合には、化学反応物質が化学変化を起こし生成物を生じる場合に、時間の経過とともに反応物質の濃度は次第に減少していき、生成物の濃度が増えていきます。最初に、反応物資Ａが生成物質Ｂ、Ｃに分解する反応を考えてみます。

$A \rightarrow B + C$

この場合の反応速度は次のように表されます。

$$v = \frac{\text{Aの濃度変化の量}}{\text{反応時間}} = \frac{\Delta A}{\Delta t}$$

化学反応の速度は、温度や圧力の条件によっても変わってきます。例として、アンモニア合成反応に使われている**ハーバー・ボッシュ法**で説明します。アンモニア合成反応の熱化学方程式は、次のようになります。

N_2（気）+ $3H_2$（気）= $2NH_3$（気）+ 92kJ

この反応の場合は、反応前が窒素1モルで水素3モルですので合計4モルであるのに対して、反応後はアンモニア2モルが生成されています。言い換えると、反応が進むと体積が減る形の反応といえます。そのため、圧力を上げると反応は促進されます。

また、温度に注目すると、この反応は発熱反応ですので、温度を下げると反応が促進されることになります。

2）化学平衡

化学反応式で、右向きの反応を**正反応**、左向きの反応を**逆反応**といい、正逆どちらの方向にも進む反応を**可逆反応**といいます。一方向にしか進まない反応を**不可逆反応**といいます。可逆反応の場合に、正反応と逆反応の速さが同じになった場合を**化学平衡**の状態といいます。具体的な例として、水素（H_2）とヨウ素（I_2）によってヨウ化水素（HI）が生じる反応で説明します。

H_2（気体）+ I_2（気体）$\rightleftarrows$ 2HI（気体）

下記のKを**平衡定数**といいます。

$$K = \frac{[HI]^2}{[H_2][I_2]}$$

同様に、固体と気体の平衡の例として、コークスに二酸化炭素を反応させた例で示すと、そのときの平衡定数Kは次のようになります。

C（固体）+ CO_2（気体）$\rightleftarrows$ 2CO（気体）

$$K = \frac{[CO]^2}{[CO_2]}$$

ル・シャトリエの平衡移動の法則は、「一般に、平衡が成立しているときの条件を変えると、その影響を打ち消す方向に平衡が移動する。」というものであり、こういった平衡状態になる反応で、特定の物質の濃度を増加（減少）させると、その物質を減少（増加）させる方向に平衡が移動します。

3)　**沸点上昇と凝固点降下**

純粋の液体は定まった沸点を持っていますが、不揮発性の溶質を溶かすと、質量モル濃度に比例して沸点は上昇します。電解質溶液の場合には、電離したイオンを含むすべての溶質粒子の質量モル濃度に比例して沸点が上昇します。

凝固点の場合も同様に、溶液が凝固する温度が定まっていますが、溶液中に電解している物質の質量モル濃度に比例して凝固点が降下します。なお、非電解質の希薄溶液の凝固点降下は、溶質の種類に無関係で、一定質量の溶媒に溶けている溶質の物質量に比例します。

4)　化学反応における触媒の作用

分子が反応を起こすときには、その活性化エネルギーに相当するエネルギーをその反応系に与える必要があります。通常は加熱などの熱エネルギーがそれにあたります。このときに、反応にあずかる物資の活性化エネルギーのレベルを変化させる第三者物質を**触媒**といいます。通常の触媒は、自分自身は変化することなく、反応系を活性化させて反応速度を促進する作用がありますが、反応熱や反応平衡には影響を与えない点を理解しておく必要があります。触媒は、反応系と同一の相で働く均一触媒、活性点や活性物質を持つ不均一固体触媒、生化学反応を促進する酵素類、光エネルギー変換を促進する光触媒などに分類されますが、このうち多孔性担体に活性金属等を付着させた不均一固体触媒が工業的に広く利用されています。

(c)　**電解質水溶液の性質と応用**

食塩のように水に溶解したときに、陽イオン（Na^+）と陰イオン（Cl^-）に電離する物質を**電解質**といいます。電解質水溶液の最大の特徴は電気を導く性質です。電解質水溶液は、一般の溶液の性質とはかなり異なった特性があり、実社会での応用範囲が広いので、よく理解しておく必要があります。ここでは、基本的な事項についてだけ触れておきます。

1)　水溶液における電解質の電離

化学的に塩といわれている物質（電解質）の多くは水に溶けて、電気を通すようになります。これはその電解質が溶液中に陽イオンと陰イオンに電離し、電気の良導体になるためと説明されますが、最近は水分子と塩分子の分子量的な解析と、熱力学的データからかなり詳しく説明できるようになりました。

電解質水溶液の電気伝導には、電離によって生じたH^+とOH^-のイオン伝導率とイオン移動度が極めて強く関わっているため、電解質の解離度が電気伝導度に大きく影響します。また、電解質水溶液の電気伝導にオームの法則が成立することが知られています。

2)　水素イオン濃度

純粋な水は完全な絶縁体ではなく、わずかに電気を導きます。これは次のように水が電離して、微量のイオンが生成しているためです。

$$H_2O + H_2O \rightleftarrows H_3O^+ + OH^-$$

古典的には、H_3O^+を簡略化してH^+と書きますが、生成するイオン量としては濃度を用います。平衡定数をKとすれば次のように記述されます。

$$K = \frac{[H^+][OH^-]}{[H_2O]}$$

この式から導かれたイオン積$K_W = [H^+][OH^-]$の常用対数から符号をはずしたものを**水素イオン濃度**といい、**pH**で表します。pHを用いて水溶液の液性を表すと次のようになります。

①　酸性：$pH < 7$

②　中性：$pH \fallingdotseq 7$

③　アルカリ性：$pH > 7$

pHは、各種の素材製造、材料加工、腐食・防食などの分野や、化学分析、水処理といった技術分野に必須の指数です。

酸と塩基は化学物質の分類の1つで、酸味を持つものが酸で、酸を中和するものが塩基とされています。別の定義では、水溶液中で水素イオン（H^+）を出す物質が**酸**で、水酸化物イオン（OH^-）を出す物質が**塩基**です。

酸：$HA \rightleftarrows H^+ + A^-$

塩基：$BOH \rightleftarrows B^+ + OH^-$

上記の反応において、電離している率が大きいほど、強酸または強塩基ということになります。電離平衡がどの程度この平衡式の右側によっているかを示すのが、**電離度**（α）で、電離度は次の式で表されます。

$$電離度（\alpha）=\frac{電離した電解質の物質量（mol）}{電解質の全物質量（mol）}$$

電離度が1に近い酸や塩基を強酸、強塩基と呼び、逆に0に近い酸や塩基を弱酸、弱塩基と呼びます。塩酸（HCl）、硝酸（HNO_3）、硫酸（H_2SO_4）は強酸で、酢酸（CH_3COOH）は弱酸になり、水酸化ナトリウム（$NaOH$）、水酸化カリウム（KOH）、水酸化カルシウム（$Ca(OH)_2$）、水酸化バリウム（$Ba(OH)_2$）は強塩基で、アンモニア（NH_3）は弱塩基になります。

また、酸の1分子中で電離してn個の水素イオンを放出するとき、nを酸の**価数**といい、1価、2価、3価等に分類されます。HClやHNO_3、C_6H_5OH（フェノール）は1価の酸で、H_2SO_4は2価の酸、H_3PO_4（りん酸）は3価の酸になります。塩基でも同様に、$NaOH$やKOHは1価の塩基で、$Ca(OH)_2$は2価の塩基、$Al(OH)_3$は3価の塩基になります。

酸と塩基の反応を中和反応といいますが、その中で代表的な反応を下記に示します。

①　$HCl+NaOH \rightarrow NaCl+H_2O$

②　$H_2SO_4+NaOH \rightarrow NaHSO_4+H_2O$

③　$H_2SO_4+2NaOH \rightarrow Na_2SO_4+2H_2O$

また、下記の反応は気体を発生させます。

ⓐ　$CaCO_3+2HCl \rightarrow CaCl_2+H_2O+CO_2\uparrow$

ⓑ　$(NH_4)_2SO_4+2NaOH \rightarrow Na_2SO_4+2H_2O+2NH_3\uparrow$

ⓒ　$2NH_4Cl+Ca(OH)_2 \rightarrow CaCl_2+2H_2O+2NH_3\uparrow$

3)　両性金属

酸とも塩基とも反応する両性金属は、OH^-と配位数4の錯イオンを形成します。具体的にアルミニウムを挙げて説明すると、Al^{3+}イオンに弱塩基を加えた場合には、白色の$Al(OH)_3$を生じて沈殿します。さらに塩基を加えた場合には、$[Al(OH)_4]^-$の錯イオンを生じて溶解します。そういった性質を示す金属には、アルミニウム（Al)、スズ（Sn)、鉛（Pb）などがあります。

4） 酸化と還元

ある純物質が酸素と化合することを**酸化**といいますが、拡大的には、化学反応において広く電子を奪われる変化を酸化といいます。逆に、酸化された物質をもとに戻すこと、および広く電子を与えられる反応を**還元**といいます。

【酸化反応例】$C+O_2 \rightarrow CO_2$

【還元反応例】$CuO+H_2 \rightarrow Cu+H_2O$

化学反応においては、1つの成分が電子を奪われて酸化される際に、別の成分が電子を得て還元する場合は多くあり、酸化と還元はふつう伴って生じます。そういった場合の化学反応を**酸化還元反応**といいます。電子の授受に注目すると、酸素が介在しない化学反応においても、酸化還元反応が説明できます。このように、酸化還元反応においては、それぞれの物質で電子の増減があります。分子などが持つ電子を各成分原子に割り当てるとき、その原子が持つ電荷を**酸化数**といい、原子やイオンの酸化状態を見るのに用います。

【酸化数例】

H：+1、 O：−2、 Cl：−1

電気的に中性の化合物の場合（下記①の例を参照）には、成分元素の酸化数の総和は0であり、多原子でできたイオンの場合（下記②の例を参照）は、酸化数の総和がイオンの電荷と等しくなります。

① 硝酸（HNO_3）の場合

Hの酸化数は+1、Oの酸化数は−2、Nの酸化数をxとすると、酸化数の総和は0であるので、次の式が成り立ちます。

$$+1+x+3\times(-2)=0$$

$$x-5=0$$

$x=+5$ →Nの酸化数は+5

② 硫酸イオン（SO_4^{2-}）の場合

Oの酸化数は−2、Sの酸化数をxとすると、酸化数の総和はイオンの電荷である−2であるので、次の式が成り立ちます。

$x+4\times(-2)=-2$

$x-8=-2$

$x=+6$　→Ｓの酸化数は＋6

5)　電池の原理とその応用

金属（導電電極）を電解質の水溶液（電解液）に浸すと、一方のイオンが電極の周りに集まり、一定の電位が生じます。これを**単電池**または半電極といいます。２種類の単電池を組合せて電解質を電気的につなぐと両電極間に電位差が生まれ、それを電気エネルギーとして取り出すことができます。この場合、負極側では電極の溶解（酸化反応）が起こり、正極側では電極成分の析出（還元反応）が起こります。これが電池の原理です。電極には直接電極反応に関与する金属電極と、酸素と水素等をエネルギー源とし、金属触媒等の電極が仲介する気体電極などがあります。

エネルギー源として利用される電池を実用電池といい、１回の放電だけで充電できない**一次電池**と、何回でも充電可能な**二次電池**に分けられます。実用されている一次電池としては、マンガン電池やリチウム乾電池などがあり、二次電池としては、鉛蓄電池やリチウムイオン電池などがあります。ここで、具体的な例として鉛蓄電池の放電時の反応を次に示します。鉛蓄電池は、負極活物質に鉛を、正極活物質に酸化鉛（Ⅳ）を使い、電解質に希硫酸を使った電池です。

負極：$Pb+SO_4^{2-}\rightarrow PbSO_4+2e^-$

正極：$PbO_2+4H^++SO_4^{2-}+2e^-\rightarrow PbSO_4+2H_2O$

6)　電気分解とその応用

電解液に浸した２本の電極に外部電極から直流電圧を加えると、両電極の間に電流が流れて電界生成物が析出します。これを**電極反応**といいます。電極反応では次の**ファラデーの法則**が成立しますので、加えた電気量から変化を受ける物質量が定量的に計算できます。

①　電極反応によって変化を受ける物質量は、流れた電気量に比例する。

②　同じ電気量によって変化を受けるイオン物質の量は、イオンの価数に逆

比例する。

電気分解技術は銅や鉄等の水溶液電解、アルミニウムやマグネシウム等の融解塩電解などの金属冶金、電気メッキや電解鋳造などに広く応用されています。

(3) 物質特性

物質にはさまざまな特性がありますので、そのいくつかを示します。

(a) 気体の水に対する溶解度

気体の水に対する**溶解度**は、1 atm の気体が、水 1 cm^3 中に溶解する時の容量を、0 ℃で 1 atm の時の容積に改算した値で表します。気体の水に対する溶解度の例を**図表 5.2.4** に示します。

図表 5.2.4 気体の水に対する溶解度

単位：cm^3

物質	化学式	0 ℃
アンモニア	NH_3	1,176
塩化水素	HCl	507
二酸化硫黄	SO_2	80
硫化水素	H_2S	4.67
塩素	Cl_2	4.61
二酸化炭素	CO_2	1.71
一酸化窒素	NO	0.074
メタン	CH_4	0.056
一酸化炭素	CO	0.035
窒素	N_2	0.024
水素	H_2	0.022

(b) 飽和炭化水素

一般式 C_nH_{2n+2} で表される化合物を**アルカン**といいます。n が 8 以下のアルカンを示すと、**図表 5.2.5** のようになります。

最近は二酸化炭素排出量が少ない LNG 火力発電所が多くなっていますが、

図表 5.2.5　nが8以下のアルカン

分子式	名称	常温状態		分子式	名称	常温状態
CH_4	メタン	気体		C_5H_{12}	ペンタン	液体
C_2H_6	エタン	気体		C_6H_{14}	ヘキサン	液体
C_3H_8	プロパン	気体		C_7H_{16}	ヘプタン	液体
C_4H_{10}	ブタン	気体		C_8H_{18}	オクタン	液体

その燃料となる天然ガスの主要成分はメタンです。メタンは－161.5℃で液化しますので、天然ガスが輸入される際には、－162℃以下に冷却する方法で液化して輸送されてきます。液化すると体積は**1/600**になります。また、最近では頁岩（シェール）層から採取される天然ガスであるシェールガスの掘削技術が確立し、利用が進められています。

なお、アルカン分子から水素を1個とってできる一価の基を**アルキル基**といいますが、アルキル基に**ヒドロキシル基**が結合している化合物を**アルコール**と呼びます。具体的なアルコールとして、メタノール（CH_3OH）、エタノール（CH_3CH_2OH）などがあります。

(c)　ハロゲン

ハロゲン元素は大きな電気陰性度を持ち、金属元素とイオン性化合物を作るとともに、非金属元素と共有結合性化合物を作ります。ハロゲン原子の電気陰性度は、大きい順にF＞Cl＞Br＞HIとなります。ハロゲン単体では、酸化能力の強さが、フッ素（F_2）＞塩素（Cl_2）＞臭素（Br_2）＞ヨウ素（I_2）の順になります。ハロゲンと水素の化合物をハロゲン化水素と呼び、刺激臭のある有毒な気体です。ハロゲン化水素は、水によく溶けて、酸性を示します。ハロゲン化水

図表 5.2.6　ハロゲン化水素の性質

ハロゲン化水素	融点［℃］	沸点［℃］	酸の強さ
フッ化水素　HF	－83	20	4位
塩化水素　HCl	－114	－85	3位
臭化水素　HBr	－89	－67	2位
ヨウ化水素　HI	－51	－35	1位

素の性質は、**図表 5.2.6** のようになります。

3. バイオテクノロジー

バイオテクノロジーは最近注目されている技術です。身近な例として、遺伝子組み換え技術やDNA鑑定、ES細胞やiPS細胞などが、ニュースでも頻繁に話題になっています。

（1） 遺伝子工学の基礎

生物の身体は細胞と呼ばれる基本構造体が集合してできあがっており、ヒトには約60兆個の細胞があるといわれています。細胞は多量の水でできていますが、その中には生命活動を支える、脂質、炭水化物、たんぱく質、核酸などの有機物と無機塩類が含まれています。細胞内には、さまざまな細胞内器官があります。具体的には、エネルギー生産を行う**ミトコンドリア**や、生体物質を加水分解する**リソソーム**、たんぱく質を処理する**ゴルジ体**などがあります。遺伝子は、細胞内の核の中に収納されており、1つの核に存在する染色体の数は生物の種によって決まっています。

(a) たんぱく質とアミノ酸

生物の中ではたんぱく質がさまざまな形で存在しており、ヒトでは数万種類ものたんぱく質があると推定されています。たんぱく質は、α-アミノ酸が縮合重合した高分子で、たんぱく質を加水分解すると**α-アミノ酸**が得られます。アミノ酸はどれも、**アミノ基**（$-NH_2$）と**カルボキシル基**（$-COOH$）を持っており、この2種類の官能基が同一炭素原子に結合しているものがα-アミノ酸です。α-アミノ酸には、**L体**（左旋性）と**D体**（右旋性）のものがありますが、生体のアミノ酸の立体構造はL体になっています。また、**図表 5.3.1** に示すように、アミノ酸には**親水性アミノ酸**と**疎水性アミノ酸**がありますが、疎水性（非極性）アミノ酸は分子の内側に集まる傾向があり、細胞内の水と接触しないようになっています。

図表5.3.1　たんぱく質を構成する20種類のアミノ酸

疎水性アミノ酸	アラニン	バリン	ロイシン	イソロイシン
	プロリン	メチオニン	フェニルアラニン	トリプトファン
親水性アミノ酸	グリシン	セリン	トレオニン	アスパラギン酸
	アスパラギン	グルタミン酸	グルタミン	システイン
	ヒスチジン	リシン	アルギニン	チロシン

たんぱく質は20種類のアミノ酸からできており、たんぱく質に多くの種類があるのは、アミノ酸の種類と結合順序が異なっているためです。結合は、一方のアミノ酸のカルボキシル基と、もう一方のアミノ酸のアミノ基の間で起こり、H_2Oがとれる**縮合反応**が起きます。この結合を**ペプチド結合**といい、できた化合物を**ペプチド**といいます。アミノ酸が多数結合したものを**ポリペプチド**といいます。たんぱく質を構成しているポリペプチド鎖は、らせん状の規則正しい配置構造を取ることが多く、このようならせん構造を**α-ヘリックス**と呼んでいます。実際のたんぱく質は、このα-ヘリックス鎖がさらに折れ曲がって、球状などの立体構造をしています。たんぱく質には、アミノ酸だけからできている単純たんぱく質とアミノ酸以外のものが混じった複合たんぱく質があります。複合たんぱく質としては、糖類と結合した糖たんぱく質、リン脂質と結合したリポたんぱく質、核酸とたんぱく質が結合した核たんぱく質などがあります。たんぱく質の構造は、一次構造がアミノ酸の配列で、一次構造は遺伝子によって決定されます。二次構造がα-ヘリックスやβシート、三次構造がポリペプチド鎖、四次構造が複数のポリペプチド鎖の集合体となっています。

たんぱく質に、熱、酸、アルカリ、重金属、アルコールなどを加えると凝固しますが、これを**変性**と呼びます。変性が起きると、たんぱく質のもつ固有の立体構造が破壊されるため、再び元には戻らなくなり、たんぱく質の機能も失われてしまいます。たんぱく質は酵素や希酸によって加水分解され、α-アミノ酸になります。また、水酸化ナトリウム水溶液と硫酸銅溶液を加えると赤紫色になる**ビウレット反応**が起きますが、これによってペプチド結合の検出が行えます。アミノ酸の検出には、ニヒドリン水溶液を加えて加熱すると赤紫色になる**ニヒドリン反応**を用います。ベンゼン環を分子中に含むたんぱく質を検出する際には、濃硫酸を加えて加熱すると黄色になり、さらに濃アンモニアを加えると橙黄色になる**キサントプロテイン反応**を用います。なお、たんぱく質には硫黄を多く含むものがあるため、硫黄の検出には、水酸化ナトリウム（固体）を加えた後に、酢酸鉛（Ⅱ）水溶液を加えると黒色になる方法で行います。

(b)　遺伝子と核酸

遺伝子は生殖細胞を通じて遺伝情報を伝える機能を持ち、染色体上に一定の順序で配列している遺伝単位です。遺伝子の実態は**核酸**で、一般にデオキシリボ核酸（**DNA**）になります。核酸は、**ヌクレオチド**と呼ばれる、リン酸、五炭糖（ペントース）、塩基からなる基本構造を持っており、それらが重合した**ポリヌクレオチオド**です。ヌクレオチド間の結合を担うのがリン酸で、このリン酸を介した結合を**ホスホジエステル結合**といいます。核酸にはDNA以外にリボ核酸（**RNA**）があります。DNAはペントースとしてデオキシリボースを含んでおり、RNAはペントースとしてリボースを含んでいます。

生物が持つ遺伝子の1組を**ゲノム**といいます。遺伝情報は、遺伝子核酸上の塩基配列によって決定されます。DNAを構成する4種類の塩基は、アデニン（A）、グアニン（G）、チミン（T）、シトシン（C）の組合せで、アデニン（A）とチミン（T）、グアニン（G）とシトシン（C）間の**水素結合**によって二重らせんが形成されています。遺伝子は、たんぱく質のアミノ酸の配列順序を決定しています。1つのアミノ酸を規定する3連塩基を**コドン**といい、遺伝暗号の最小単位となっています。64（4×4×4）のコドンのうち3種類が**終止コドン**と呼ばれ、アミノ酸に対応しないコドンですが、それ以外は20種類のアミノ酸に対応しています。

DNAは化学的に安定な核酸で、遺伝情報を蓄えているだけです。一方RNAは、アデニン（A）、グアニン（G）、ウラシル（U）、シトシン（C）の組合せであり、数分から数時間で分解されるという特徴を持ち、たんぱく質の生合成を行っています。RNAは、その機能によって、メッセンジャーRNA（mRNA）、転位RNA（tRNA）、リボソームRNA（rRNA）などがあります。

DNAやRNAは、水溶液を加熱していくと、水素結合で形成されている二本鎖が短鎖へと変成していきますが、二本鎖と短鎖が1対1となる温度を**融解温度**といいます。融解温度は、アデニン（A）とチミン（T）間の水素結合が2つであるのに対して、グアニン（G）とシトシン（C）間の水素結合は3つであるため、G–C塩基対が多いDNAの方が高くなります。なお、短鎖の度合いに応じて紫外線の吸収量が増加します。熱変成したDNAは、温度を下げていくと二重鎖に戻りますが、それを**アニーリング**といいます。

(c)　遺伝子の翻訳とたんぱく質合成

遺伝子から目的のたんぱく質やRNAが生成される全過程を総称して、遺伝子発現といいます。DNAの遺伝情報は、RNAポリメラーゼという酵素によってRNAに転写されますが、DNAには遺伝情報を蓄えている遺伝子群の一端に転写を調節する領域を持っており、それを**プロモータ**と呼びます。RNAポリメラーゼは、DNAを滑るように検索してプロモータを見つけ、そこに特異的に結合してから転写を開始します。プロモータ領域はRNAには転写されません。その後成熟過程を経て、最終的にmRNAになります。mRNAは、リボソーム上でたんぱく質を合成する際の鋳型としての役割をします。たんぱく質を合成する際にアミノ酸を運んでくる役割をするのが、tRNAになります。この作業過程全体を**翻訳**といいます。

(2)　バイオテクノロジーの基礎

生物に特有な遺伝子は、その本体がDNAである点はすでに述べました。DNAにはその生物に必要な生合成に関わるすべての情報が含まれており、この情報を応用することによって、有用な物質の合成や分解処理などが可能になります。さらに、遺伝子の取扱い技術の発達によって、DNAの核酸配列の組換え（遺伝子操作）が可能になるだけではなく、有用物質の生産のみならず、医療や家畜等の生物の改良なども可能になっています。これらを一括して、遺伝子工学またはバイオテクノロジーといいます。

バイオテクノロジーは、ヒトをはじめとする生物のゲノム解析やクローニング技術など、生理・病理などの基礎的な分野も含めて、現在もなお急激な進歩を続けています。ここでは、工学的な分野を中心にして、最近の応用技術をいくつか取り上げます。

(a) 抗体たんぱく質

高等生物には分子認識を目的とするたんぱく質がありますが、これを**抗体たんぱく質**といい、免疫系で中枢的な役割を担っています。この抗体たんぱく質は、特定の化学物質に対して特異的な結合能力を持っており、これが生物自身を構成する細胞と自己以外の細胞とを区別し、排除情報を発信するなどの働きをします。この性質を利用すれば、化学物質が複雑に混じり合った中からある特定の物質を見つけ出したり、処理したりすることが可能になります。このような抗体をどのようにして手にするか、さらにその利用技術をどう開発するかの研究が行われています。これらの成果は、すでに環境分析や医療診断の分野で利用されています。

(b) ホルモン

ホルモンとは、動植物における特定の器官や細胞などで作られ、動植物内の別の器官に特定の生理作用を起こさせる生理的有機化合物のことです。動物ホルモンでは、特定の器官を刺激して代謝に影響を及ぼすものがあります。代表的なホルモンとして、血管の収縮や拡張などを起こす**アドレナリン**や、脂肪の合成を抑制する**インスリン**などがあります。また、ホルモンの分泌を促進させる成長ホルモンや、腎臓皮質刺激ホルモンなどもあります。化学的には、アミノ酸誘導体やステロイドなどでできています。一方、植物ホルモンの主要なものには、オーキシン、サイトカイニン、ジベレリンの３つのグループがあります。

(c) 酵素

酵素は、生体内反応を触媒する機能を持ったタンパク質で、細胞の中や消化液、酵母の中に存在しています。酵素の触媒効率はきわめて高く、特定の物質の、特定の反応に対してだけ触媒作用を起こすという特徴があります。生体内には1,000種類を超す酵素が存在するといわれています。代表的なものとして、唾液に含まれるアミラーゼはデンプンの加水分解を促進しますし、酵母に含まれるチマーゼは単糖のアルコール発酵を促進します。また、特定の細胞に含まれるセルラーゼは、セルロースを加水分解します。それぞれの酵素には、その作用が最も活性化される最適 pH がありますが、一般に酸やアルカリおよび熱には弱いとされています。

(d)　エネルギー代謝

エネルギー代謝とは、無機界や生物体におけるエネルギーの出入りや分布の変化をいいます。生物が消費した物質の化学エネルギーは、生成物質の化学エネルギーや熱、または運動などの仕事に変化します。生物体内でのエネルギー代謝で特徴的なのは、アデノシン三リン酸（ATP）を介してエネルギーの授受が行われる点です。基本的に、アデノシン二リン酸（ADP）と無機リン酸から ATP を合成し、そこで生じた ATP は、エネルギーを必要とする合成反応や筋肉収縮などの仕事をする反応で消費され、ADP とリン酸に分解されます。具体的な例として、呼吸の場合には、酸素分子によって有機物を酸化してエネルギーを得ます。また、解糖の場合には、グリコーゲンを無酸素状態でピルビン酸まで分解します。

(e)　生体膜

生体膜は、細胞と外界との境界をなす細胞膜や、ミトコンドリア・葉緑体などを囲む膜をいいます。生体膜は、基本的には脂質２分子膜からできており、内部と外表面には膜たんぱく質が埋め込まれています。脂質としては、カルボキシ基を１個持つ鎖式化合物である脂肪酸が多く、リン酸エステルなどのエステル体で存在しています。脂肪酸には、炭素鎖中に２重結合を持つ不飽和脂肪と、２重結合を持たない飽和脂肪酸があります。飽和脂肪酸の場合には、炭素鎖が長い方が融点は高く、流動性は悪くなります。そのため、細菌の培養温度を高くすると、長鎖脂肪酸を増やす傾向になります。同じ炭素数の脂肪酸の場合には、不飽和脂肪酸の方が飽和脂肪酸よりも融点が低くなりますので、細菌の培養温度を高くすると、飽和脂肪酸を増やす傾向になります。

(f)　医薬・医療用材料

バイオテクノロジーにより生産された、ホルモンたんぱく質やインシュリンなどが医薬品としてすでに利用されています。ジェネンテック社が大腸菌によるインスュリンの合成を行ったのは1979年です。最近では、在来の医薬品をより効果的に、体内の特有な部位に送り届けるシステムが開発されています。これはドラッグデリバリーシステムと呼ばれ、薬物の性状と生体内の特定部位への送達過程を勘案し、薬物を高分子材料で包むなどして、最も効果のある放出方法（徐放システム）や送達方法、血中濃度の維持方法などを研究することにより開発されています。このほかにも、バイオ材料そのものが薬理活性を示す、多糖類や核酸類などの開発も進められています。

(3)　遺伝子工学の歴史

基礎科目のバイオの分野では、遺伝子工学の歴史に関する問題が多く出題されていますので、歴史についてまとめてみます。

(a)　遺伝子の発見

遺伝の法則を最初に科学的に説明したのは、オーストリアの修道士であったメンデルです。メンデルは、1866年に「植物雑種の実験」という論文で、エンドウ豆の7つの形質について、親と子の形質の研究を発表しています。そこには、エンドウ豆は優性の形質と劣勢の形質を持っており、優性の形質が子や孫の世代に現れるというものです。例えば、エンドウ豆には“丸い豆”と“シワのある豆”があり、子供の世代では優性の形質である丸い豆が現れるが、孫の世代には、丸い豆（優性の形質）：シワのある豆（劣勢の形質）=3：1の比率で現れることを発見しました。それは「**分離の法則**」と呼ばれました。また、2つの別の形質について、それぞれ優劣をもつ豆を掛け合わせると、それぞれの形質が独立して次の世代に引き継がれることも発見しました。それは「**独立遺伝の法則**」と呼ばれました。しかし、その論文は長い間注目されることなく、1900年にオランダのド・フリースらが同じ法則を再発見して、メンデルの偉業が注目されるようになりました。

その後、ド・フリースが**突然変異説**を提唱したのに続き、1927年に米国のミュラーがX線をショウジョウバエに当てて、突然変異を人工的に起こすことに成功しました。

一方、1842年にはネエゲリーによって、細胞の中に色素でよく染まる部分があることを顕微鏡で見つけ、**染色体**が発見されていましたが、1906年には米国のサットンが、その染色体が遺伝因子を運ぶ実体であるという説を発表しました。

1910年には、ショウジョウバエを使った実験で、モーガンらがメンデルの「独立遺伝の法則」に従わないものがあることに気がつきました。その研究から、一群の遺伝子が一定の順序と間隔を持って、染色体上に並んでいるという新たな発想を得ました。

また、核酸は、1869年にミーシャーによって、患者の白血球から分離されていましたが、多くの科学者は、タンパク質こそが遺伝子であると長いこと考えていました。そういった中で、当時はやっていた肺炎の研究の中で新たな発見が起きました。肺炎双球菌には、病原性を持つS型と非病原性のR型があることはそれまでも知られていましたが、病原性を持つS型を殺菌してマウスに注射しても感染しないのに、殺菌したS型に本来非病原性のR型を混ぜてマウスに注射すると感染することを、英国のグリフィスが発見しました。このことから、S型が持っている遺伝子がR型細菌を非病原性から病原性に形質転換させると考えるようになりました。

その後、本当の遺伝物質はタンパク質かDNAか、という点に研究の興味が移りました。その中で、ハーシェイとチェイスは、タンパク質には硫黄は含まれているがリンは含まれていないこと、また、DNAはリンを含むが硫黄を含んでいないことに注目して、放射性をもった硫黄とリンのどちらが細胞内に取り込まれるかの実験をしました。その結果、リンが取り込まれる事実から、DNAが遺伝物質であるという証明を行いました。

(b)　遺伝子操作

遺伝子操作は、DNAを望む場所で切断したり、接続したりすることができる酵素の発見とともに可能になった技術です。そのうちで**制限酵素**は、特定の塩基配列を認識してDNAを切断するため、ハサミとしての役割を果たします。これまでに100種類を超す制限酵素が見つかっています。制限酵素EcoRIは、6塩基の配列を認識してそこを切断するので、その配列が出現確率するは、$(1/4)^6=1/4{,}096$になります。そのため、4,096塩基の中に1箇所の切断点があることが期待されます。切断されたDNAの断片は負電荷を帯びているため、電気泳動で陰極側から陽極側に移動していきます。切断した遺伝子を切断された別のDNAに運搬するDNAを**ベクター**といいます。運搬された遺伝子は、DNAリガーゼという酵素を使って接続されます。また、DNAポリメラーゼは損傷したDNAを修復する機能を持っています。なお、逆転写酵素はRNAを鋳型としてDNA合成を行うDNAポリメラーゼです。

(c) クローン動物の作出

1961年にポーランドのタルコフスキーは、黒毛のマウスと白毛のマウスの卵管から初期の分裂胚を採取して、人工的にその2つの胚をくっつけて、それを仮親の子宮に移植して生育させました。その結果、白黒の混ざったマウスが仮親から生まれてきました。それをキメラマウスと呼びました。

1970年には、イギリスのゴードンがオタマジャクシの生殖器以外の細胞から核を取り出して未受精卵に注入し、カエルを作ることに成功しました。このことによって、生物中の細胞核には同じゲノムのDNAが存在するということを証明しました。

1981年には、英国のカウフマンらが、受精して子宮に着床する前の胚盤胞から、胚性幹細胞株（**ES細胞**）を取り出し、培養することに成功しています。ES細胞は、不死性の正常細胞で、いつまでも培養液内で分裂するという特性をもっています。また、培養液内のES細胞に遺伝子を導入した後に仮親の胚盤胞に入れると、キメラが作り出せることが判明し、クローン作出技術に大きな一歩となりました。

1984年には、英国のウイラドセンらが、異種動物である羊とヤギを使ってキメラを作り、ギープという名称をつけました。ギープは、交配によって自らの子孫を作ることはできないことが後日判明しました。

1997年には、英国のロスリン研究所で、ヒツジの乳腺から採取した細胞から核を取り出して他の羊の未受精卵に入れ、それを代理母の羊の子宮に移植してクローン羊を生み出すことに成功しています。

このような方法で、クローンの作出に成功すると同時に、生命倫理の問題が学会で大きく取り上げられるようになりました。

(４)　生化学

植物が生育していくためには、少なくとも、**図表5.3.2**に示す16種類の元素が必要とされています。

図表5.3.2　植物の必須元素

多量元素	炭素、酸素、水素、窒素、リン、カリウム、カルシウム、マグネシウム、硫黄
微量元素	鉄、マンガン、ホウ素、亜鉛、モリブデン、銅、塩素

多量元素とは、植物が多く吸収する元素で、植物そのものを構成する元素になります。これらのうち、炭素、酸素、水素は、光合成の際に二酸化炭素と水から作られるので、外部から補給する必要はありません。化学肥料としては、窒素、リン、カリウムを主成分にしたものが多くあります。一方、**微量元素**は、必要量は少ないですが、光合成や葉緑素・ホルモンの生成に関与する元素ですので、その量が多くても少なくても植物の生育には障害が生じます。なお、植物の場合には、細胞１つから全体を再生できる全能性を持っています。具体的には、オーキシンやサイトカイニンなどの植物ホルモンを調整した培地に、根や葉などの一部を入れて培養すると、細胞の塊である**カルス**が発生します。そのカルスを培養すると再分化して、元の植物と同じ遺伝情報を持つものが育ちます。

生物の細胞を構成する元素の組成はすべての生物で同様であり、水素が約60％と最も多く、次いで酸素の約25％、炭素の約11％、窒素の約３％となっており、これら4元素で約99％にもなります。生物の細胞の内部は水で満たされており、人の細胞は66％が水で、タンパク質は16％程度になります。一方、細菌細胞は70％が水で、タンパク質は15％程度になっています。

第 6 章

環境・エネルギー・技術に関するもの

この問題群は、平成 24 年度試験までは「技術連関」という名称でしたが、平成 25 年度試験からは「環境・エネルギー・技術に関するもの」と、問題群の名称が変更されました。それにともなって、出題される内容から「品質管理」がなくなり、品質管理は「設計・計画に関するもの」の問題群で出題されるようになりました。その結果、この項目で出題される内容は、①環境、②エネルギー、③技術と社会の 3 項目に絞られています。環境やエネルギーなどに関しては、平成 25 年度試験からは統計データを使った問題を出題するようになりましたので、関連の統計資料を見ていない受験者には正答が見つけにくくなっています。特に環境は、出題される内容の範囲が非常に広いので、なかなか勉強が難しいと思いますが、最近話題となっている内容の出題が多いので、どれも技術者として業務をする上で知っておかなければならない内容ともいえます。そういった点で、技術士が勉強しておかなければならない事項と考えて知識を身につけてください。

1. 環境

環境問題は、技術者だけではなく一般の人にも身近な問題として関心が高まっています。環境に関しては、多くの国際条約や法律が制定されていますし、基準値が定められているものも多くあります。そういった内容は、技術者が業務を遂行する上では必須の事項となりますので、一定の知識が必要です。さらに、地球環境問題については、避けては通れない内容となっています。そのため、環境影響を考慮しない製品開発はありえないという状況になっています。

（1） 国際条約等

環境に関しては、国単位では解決できない問題も多いため、多くの国際条約等が定められています。

(a) 持続可能な開発（SDGs）

持続可能な開発目標（**SDGs**：Sustainable Development Goals）は、現代社会における基本的な考え方であり、ビジネスや生活を行っていく際には、必ず意識しなければならない考え方と認識する必要があります。持続可能な開発目標（SDGs）とは、2015年9月に国連サミットで採択された「持続可能な開発のための2030アジェンダ」に記載された2016年から2030年までの国際目標で、**図表6.1.1**に示す17の目標が示されています。なお、これら17の目標の下に、細分化された169のターゲットが定められています。

図表6.1.1　SDGsの17の目標

1. 貧困、2. 飢餓、3. 保健、4. 教育、5. ジェンダー、6. 水・衛生 7. エネルギー、8. 経済成長と雇用、9. インフラ、産業化、イノベーション、 10. 不平等、11. 持続可能な都市、12. 持続可能な生産と消費、13. 気候変動、 14. 海洋資源、15. 陸上資源、16. 平和、17. 実施手段

また、SDGsの前文で、「すべての国及びすべてのステークホルダーは、協同的なパートナーシップの下、この計画を実行する」としているのに加え、「これらの目標及びターゲットは、統合され不可分のものであり、持続可能な開発の三側面、すなわち経済、社会及び環境の三側面を調和させるものである」としています。加えて、持続可能な開発目標の実施指針が出されており、ビジョンとして、『持続可能で強靭、そして誰一人取り残さない、経済、社会、環境の統合的向上が実現された未来への先駆者を目指す。』が示されています。合わせて、実施原則として下記の5項目が示されています。

① 普遍性

② 包摂性
③ 参画型
④ 統合性
⑤ 透明性

実施手段として、目標 17.16 で、「マルチステークホルダー・パートナーシップ」によって補完し、持続可能な開発のためのグローバル・パートナーシップを強化すると示されています。

SDGs に関しては、我が国でも 2018 年６月に「拡大版 SDGs アクションプラン 2018」が SDGs 推進本部より公表されています。そこでは、大きな柱として、次の３つを挙げています。

Ⅰ．SDGs と連動する「Society5.0」の推進
Ⅱ．SDGs を原動力とした地方創生、強靭かつ環境に優しい魅力的なまちづくり
Ⅲ．SDGs の担い手として次世代・女性のエンパワーメント

また、「SDGs 実施指針」として、次の８分野が挙げられています。

① あらゆる人々の活躍の推進
② 健康・長寿の達成
③ 成長市場の創出、地域活性化、科学技術イノベーション
④ 持続可能で強靭な国土と質の高いインフラの整備
⑤ 省エネ・再エネ、気候変動対策、循環型社会
⑥ 生物多様性、森林、海洋等の環境の保全
⑦ 平和と安全・安心社会の実現
⑧ SDGs 実施推進の体制と手段

(b)　パリ協定

パリ協定は、2015 年 12 月の気候変動枠組条約第 21 回締約国会議（COP21）で採択された、地球温暖化対策の国際的な枠組みを定めた協定です。パリ協定

では、次のような要素が盛り込まれています。

① 世界共通の長期目標として、2℃目標の設定と1.5℃に抑える努力を追求する

② 主要排出国を含むすべての国が削減目標を5年ごとに提出・更新する

③ 二国間クレジット制度を含めた**市場メカニズム**※1を活用する

④ 適応の長期目標を設定し、各国の適応計画プロセスや行動を実施するとともに、適応報告書を提出・定期更新する

⑤ 先進国が資金を継続して提供するだけでなく、途上国も自主的に資金を提供する

⑥ すべての国が共通かつ柔軟な方法で実施状況を報告し、レビューを受ける

⑦ 5年ごとに世界全体の実施状況を確認する仕組みを設ける

＊1：市場メカニズム：我が国が提唱したもので、先進国が途上国で実施した、優れた低炭素技術等の普及や対策によって実現した温室効果ガスの排出削減量や吸収量を、実施した先進国の削減目標の達成とみなす制度です。

なお、気候変動に対応するためには、温室効果ガスの排出を抑制する「**緩和**」だけではなく、すでに現れている影響や中長期的に避けられない影響を回避・軽減する「**適応**」を合わせて進めることが重要とされています。

(c) 生物多様性条約

生物多様性条約の正式名称は、「生物多様性に関する条約（CBD：Convention on Biological Diversity）」で、1992年5月にナイロビで開催された条約交渉会議で採択された後、1992年リオデジャネイロで開催された国連環境開発会議において署名・開放され、1993年12月に条約が発効しています。生物多様性条約は、人類と共存するとともに、食料や医療、科学分野で広く利用されてきた生物が絶滅している状況から、生物の多様性を包括的に保全し、生物資源の持続可能な利用を行うための国際的な枠組みを設けるための条約です。具体的な目的として、下記の3項目が示されています。

① 生物多様性の保全

② 生物多様性の構成要素の持続的な利用

③ 遺伝資源の利用から生ずる利益の公正かつ衡平な配分

(d) ラムサール条約

ラムサール条約は、1971年にイランのラムサールで締結された条約で、正式な名称は「特に水鳥の生息地として国際的に重要な湿地に関する条約」です。目的は、水鳥や湿地特有の動植物などの生息地としての湿地生態系の保全であり、湿地の登録を行うものです。

(e) ロンドン条約

ロンドン条約の正式な名称は「廃棄物その他の物の投機による海洋汚染の防止に関する条約」であり、陸上で発生した廃棄物を船や飛行機から海へ投棄することを規制しています。また、有機ハロゲン水銀などは海中に投棄することが禁止されているほか、ヒ素や鉛、銅などの廃棄物を海中に投棄する際には、適当な機関の特別許可を事前に受ける必要があるとされています。

(f) バーゼル条約

バーゼル条約の正式な名称は、「有害廃棄物の越境移動及びその処分の規制に関するバーゼル条約」です。目的は、先進国で発生した有害廃棄物が発展途上国へ輸出されることを禁止するものです。輸出国において技術的に処理できないものや、輸入国において資源として活用できるものを除いて、輸出が禁止されています。

(g) カルタヘナ議定書

カルタヘナ議定書の正式な名称は、「生物の多様性に関する条約のバイオセーフティに関するカルタヘナ議定書」です。目的は、特に国境を越える移動に焦点を合わせて、生物の多様性の保全及び持続可能な利用に悪影響を及ぼす可能性のあるLMO（現代のバイオテクノロジーにより改変された生物）の安全な移送、取扱い及び利用の分野において十分な水準の保護を確保することを目的としています。

(2) 環境に関する法律

我が国においても、環境に関する法律は多くなってきており、国際条約を反映したものや、廃棄物やリサイクルに関する法律が制定されています。

(a) 環境基本法

環境基本法は、環境関連の法律の基本となるもので、環境保全のために、環境への負荷を減らして、環境を保全するために定められた法律で、その目的は第1条に次のように示されています。

> **この法律は、環境の保全について、基本理念を定め、並びに国、地方公共団体、事業者及び国民の責務を明らかにするとともに、環境の保全に関する施策の基本となる事項を定めることにより、環境の保全に関する施策を総合的かつ計画的に推進し、もって現在及び将来の国民の健康で文化的な生活の確保に寄与するとともに人類の福祉に貢献することを目的とする。**

なお、「環境への負荷」とは、『人の活動により環境に加えられる影響であって、環境の保全上の支障の原因となるおそれのあるものをいう。』と定義されており、「地球環境保全」とは、『人の活動による地球全体の温暖化又はオゾン層の破壊の進行、海洋の汚染、野生生物の種の減少その他の地球の全体又はその広範な部分の環境に影響を及ぼす事態に係る環境の保全であって、人類の福祉に貢献するとともに国民の健康で文化的な生活の確保に寄与するものをいう。』と定義されています。

この法律の第16条第1項で、『政府は、大気の汚染、水質の汚濁、土壌の汚染及び騒音に係る環境上の条件について、それぞれ、人の健康を保護し、及び生活環境を保全する上で維持されることが望ましい基準を定めるものとする。』としています。

(b) 循環型社会形成推進基本法

循環型社会形成推進基本法は、環境保全のために、資源の循環を促進して廃棄物を抑制することが強く求められていることから制定された法律で、その目的は第1条に次のように示されています。

この法律は、環境基本法の基本理念にのっとり、循環型社会の形成について、基本原則を定め、並びに国、地方公共団体、事業者及び国民の責務を明らかにするとともに、循環型社会形成推進基本計画の策定その他循環型社会の形成に関する施策の基本となる事項を定めることにより、循環型社会の形成に関する施策を総合的かつ計画的に推進し、もって現在及び将来の国民の健康で文化的な生活の確保に寄与することを目的とする。

現在は、使い捨ての社会から循環型社会への変化が強く求められていますので、この基本法が作られました。この法律は、循環型社会の形成のための基本原則を定めたもので、国、地方公共団体、事業者、国民の責任を明らかにしています。ここで定義している循環型社会とは、製品等が廃棄物になるのが抑制され、廃棄物になった場合にも、循環資源として適正な利用がなされるよう促進する社会をいいます。その結果、天然資源の消費を抑制し、環境の負荷ができるだけ低減できる社会を目指す考え方です。この考え方を示す言葉として3Rが使われています。**3R**とは、ゴミを減らす（**Reduce**）、ゴミを再使用する（**Reuse**）、ごみを再生利用する（**Recycle**）という3つの行動を促進する考え方です。この法律において、再使用（Reuse）には、製品を修理してそのまま使う方法と、製品の全部または一部をその他の製品の一部として使う方法があります。再生利用（Recycle）については、循環資源の全部または一部を再び原材料として利用することをいいますが、もう一点、熱回収という方法も示されています。**熱回収**とは、循環資源の全部または一部を燃焼させて、熱として利用する考え方です。これを**サーマルリサイクル**といいます。

循環資源とは、廃棄物のうちで有用なものすべてを指し、それらの再使用、再利用、熱回収をすることが求められています。そのため、事業者には廃棄物の循環資源利用と廃棄物の適正処理、製品の耐久性の向上や設計の工夫による廃棄物の抑制、自らの引き取りなどの責務が定められています。また国民に対しても、製品の長期利用、再生品の使用、分別回収の協力などの責務が定められています。なおこの法律では、①発生抑制、②再使用、③再生利用、④熱回収、⑤適正処分の順番で優先順位を示している点が特異的な内容となっています。

(c) 生物多様性基本法

生物多様性基本法の冒頭の附則で、「人類は、生物の多様性のもたらす恵沢を享受することにより生存しており、生物の多様性は人類の存続の基盤となっている。また、生物の多様性は、地域における固有の財産として地域独自の文化の多様性をも支えている。」としており、その目的は第1条に次のように示されています。

> この法律は、環境基本法の基本理念にのっとり、生物の多様性の保全及び持続可能な利用について、基本原則を定め、並びに国、地方公共団体、事業者、国民及び民間の団体の責務を明らかにするとともに、生物多様性国家戦略の策定その他の生物の多様性の保全及び持続可能な利用に関する施策の基本となる事項を定めることにより、生物の多様性の保全及び持続可能な利用に関する施策を総合的かつ計画的に推進し、もって豊かな生物の多様性を保全し、その恵沢を将来にわたって享受できる自然と共生する社会の実現を図り、あわせて地球環境の保全に寄与することを目的とする。

同法第16条では、「国は、生態系に係る被害を及ぼすおそれがある外来生物、遺伝子組換え生物等について、飼養等又は使用等の規制、防除その他の必要な措置を講ずるものとする。」と規定されています。また、同法第15条で、「国は、野生生物の種の多様性の保全を図るため、野生生物の生息又は生育の状況を把握し、及び評価するとともに、絶滅のおそれがあることその他の野生生物の種が置かれている状況に応じて、生息環境又は生育環境の保全、捕獲等及び譲渡し等の規制、保護及び増殖のための事業その他の必要な措置を講ずるものとする。」と規定されています。

最近では、絶滅が危惧されている動植物群が増えており、絶滅危惧種としてランク付けされるようになってきています。環境省では、絶滅の恐れのある野生生物を**図表 6.1.2** に示すカテゴリ別に示した**レッドデータブック**を公表しています。

図表 6.1.2　レッドデータブックカテゴリー

区分	定性的要件
絶滅	過去に我が国に生息したことが確認されており、飼育・栽培下を含め、我が国ではすでに絶滅したと考えられる種
野生絶滅	過去に我が国に生息したことが確認されており飼育・栽培下では存続しているが、我が国において野生ではすでに絶滅したと考えられる種
絶滅危惧ＩＡ類	絶滅の危機に瀕している種で、ごく近い将来における野生での絶滅の危険性が極めて高いもの
絶滅危惧ＩＢ類	絶滅の危機に瀕している種で、近い将来における野生での絶滅の危険性が高いもの
絶滅危惧Ⅱ類	絶滅の危険が増大している種で、現在の状態をもたらした圧迫要因が引き続き作用する場合、近い将来、上位ランクに移行することが確実と考えられるもの
準絶滅危惧	存続基盤が脆弱な種で、現時点での絶滅危険度は小さいが、生息条件の変化によっては上位ランクに移行する要素を有するもの

(d)　地球温暖化対策の推進に関する法律（温対法）

地球温暖化対策の推進に関する法律の第１条の目的に次のような内容が示されています。

> **この法律は、地球温暖化が地球全体の環境に深刻な影響を及ぼすものであり、気候系に対して危険な人為的干渉を及ぼすこととならない水準において大気中の温室効果ガスの濃度を安定化させ地球温暖化を防止することが人類共通の課題であり、全ての者が自主的かつ積極的にこの課題に取り組むことが重要であることに鑑み、地球温暖化対策に関し、地球温暖化対策計画を策定するとともに、社会経済活動その他の活動による温室効果ガ**

スの排出の抑制等を促進するための措置を講ずること等により、地球温暖化対策の推進を図り、もって現在及び将来の国民の健康で文化的な生活の確保に寄与するとともに人類の福祉に貢献することを目的とする。

この法律の第2条第3項に温室効果ガスが定義されており、二酸化炭素、メタン、一酸化二窒素、ハイドロフルオロカーボンのうち政令で定められるもの、パーフルオロカーボンのうち政令で定められるもの、六ふっ化硫黄、三ふっ化窒素が示されています。第8条では、「政府は、地球温暖化対策の総合的かつ計画的な推進を図るため、地球温暖化対策に関する計画を定めなければならない。」と規定されており、第9条で「政府は、少なくとも3年ごとに、我が国における温室効果ガスの排出及び吸収の量の状況その他の事情を勘案して、地球温暖化対策計画に定められた目標及び施策について検討を加えるものとする。」と定められています。また、第26条第1項で温室効果ガスの排出が多い「特定排出者」は、温室効果ガス算定排出量を、事業を所管する大臣に、毎年度報告しなければならないと定められています。

なお、第10条で地球温暖化対策を総合的かつ計画的に推進するため、内閣に、**地球温暖化対策推進本部**を置くことが定められています。また、第37条では都道府県知事等は、**地球温暖化防止活動推進員**を置くとともに、第38条では地球温暖化対策に関する普及啓発を行うこと等により地球温暖化の防止に寄与する活動の促進を図ることを目的とする**地域地球温暖化防止活動推進センター**を指定することができるとしています。

さらに、第5章では、「森林等による吸収作用の保全等」が定められています。第42条に「政府及び地方公共団体は、地球温暖化対策計画に定められた温室効果ガスの吸収の量に関する目標を達成するため、森林・林業基本法第11条第1項に規定する森林・林業基本計画その他の森林の整備及び保全又は緑地の保全及び緑化の推進に関する計画に基づき、温室効果ガスの吸収作用の保全及び強化を図るものとする。」と示されています。さらに、同法第49条「植林事業に係る認証された排出削減量に係る措置」が規定されています。

(e)　廃棄物の処理及び清掃に関する法律（廃棄物処理法）

廃棄物の処理及び清掃に関する法律は、廃棄物の処分施設が逼迫している現状から、廃棄物を抑制することが強く求められているために制定された法律で、その目的は第１条に次のように示されています。

> **この法律は、廃棄物の排出を抑制し、及び廃棄物の適正な分別、保管、収集、運搬、再生、処分等の処理をし、並びに生活環境を清潔にすることにより、生活環境の保全及び公衆衛生の向上を図ることを目的とする。**

この法律では、廃棄物を**一般廃棄物**と**産業廃棄物**に区分しています。一般廃棄物の中には、爆発性、毒性、感染性その他の人の健康又は生活環境に係る被害を生ずるおそれがある**特別管理一般廃棄物**が含まれます。具体的には、PCB を使用した製品や感染性の廃棄物が挙げられます。一般廃棄物の処理責任は地方自治体に任されています。

一方、産業廃棄物は、事業活動に伴って生じた廃棄物のうち、燃え殻、汚泥、廃油、廃酸、廃アルカリ、廃プラスチック類などの**20 種類の廃棄物**をいいます。一般廃棄物と同様に、爆発性・毒性・感染性、その他、人の健康や生活環境に被害を与えるようなものを**特別産業廃棄物**として規定しています。具体的には、高燃焼廃油や強酸・強アルカリ、PCB や石綿、硫酸ピッチなどが挙げられます。なお、硫酸ピッチとは、重油や廃油などから軽油を製造する際に、濃硫酸で不純物を洗浄した後に残る強酸性の廃棄物で、水分と反応すると亜硫酸ガスが発生します。そういった廃棄物の処理責任は廃棄物を発生させた事業者と定められています。産業廃棄物が適切に処理されたかどうかを確認するために、**マニフェスト**（産業廃棄物管理票）による廃棄物処理の経緯を適切に管理する仕組みが規定されています。マニフェストは排出事業者で一定期間保管することが義務付けられています。

産業廃棄物の処理場は、廃棄物処理法によって遮断型最終処分場、安定型最終処分場および管理型最終処分場の３つに分類されています。管理型処分場では、汚染物質を含む保有水やガスが発生しますので、浸水工などによって遮断したり、保有水を集水したりして、水処理施設で処理して放流することが義務付けられています。

(f)　資源の有効な利用の促進に関する法律（リサイクル法）

資源の有効な利用の促進に関する法律は、環境保全を行うためには、廃棄物を資源としてリサイクルするという対策が不可欠になるために制定されました。この法律の目的は、第1条に次のように示されています。

> この法律は、主要な資源の大部分を輸入に依存している我が国において、近年の国民経済の発展に伴い、資源が大量に使用されていることにより、使用済物品等及び副産物が大量に発生し、その相当部分が廃棄されており、かつ、再生資源及び再生部品の相当部分が利用されずに廃棄されている状況にかんがみ、資源の有効な利用の確保を図るとともに、廃棄物の発生の抑制及び環境の保全に資するため、使用済物品等及び副産物の発生の抑制並びに再生資源及び再生部品の利用の促進に関する所要の措置を講ずることとし、もって国民経済の健全な発展に寄与することを目的とする。

この法律では、次のような指定商品を定めています。

① 指定省資源化製品
② 指定再利用促進製品
③ 指定表示製品
④ 指定再資源化製品
⑤ 指定副産物

(g)　特定家庭用機器再商品化法（家電リサイクル法）

家電リサイクル法の目的は、第1条に次のように示されています。

> この法律は、特定家庭用機器の小売業者及び製造業者等による特定家庭用機器廃棄物の収集及び運搬並びに再商品化等に関し、これを適正かつ円

滑に実施するための措置を講ずることにより、廃棄物の減量及び再生資源の十分な利用等を通じて、廃棄物の適正な処理及び資源の有効な利用の確保を図り、もって生活環境の保全及び国民経済の健全な発展に寄与することを目的とする。

この法律で**特定家庭用機器**に指定されているものは、ユニット形エアコンディショナー、テレビジョン受信機（ブラウン管式、液晶式、プラズマ式）、電気冷蔵庫・電気冷凍庫、電気洗濯機・衣類乾燥機の４品目です。これらの製品に関しては、製造業者に耐久性向上、修理の実施体制、特定家庭用機器廃棄物の発生の抑制を求めています。そのために、特定家庭用機器の設計や、部品・原材料の選択を工夫して、特定家庭用機器廃棄物の再商品化等に要する費用を低減するように努めることや、引き取りを求められたときには、指定引取場所において引き取らなければならないとされています。

さらに、小売業にも消費者が特定家庭用機器を長期間使用できるために必要な情報を提供したり、消費者が特定家庭用機器廃棄物を適正に排出するために協力したりする責務が設けられています。

また、利用者にも、なるべく長期間使用することによって廃棄物の排出を抑制し、排出する場合はその再商品化等が確実に実施されるように、収集、運搬業者に適切に引き渡し、それに必要な料金を支払う義務が課されています。

なお、最近では電気電子機器の廃棄物が海外に輸送されて不法投棄されていることが**E-waste**問題と呼ばれるようになっています。電子電気機器には、鉛や水銀、カドミウムなどが含まれていますので、それが環境問題を引き起こすからです。

(h)　建設工事に係る資源の再資源化等に関する法律（建設リサイクル法）

建設工事に係る資材の再資源化等に関する法律の目的は、第１条に次のように示されています。

この法律は、特定の建設資材について、その分別解体等及び再資源化等を促進するための措置を講ずるとともに、解体工事業者について登録制度を実施すること等により、再生資源の十分な利用及び廃棄物の減量等を通じて、資源の有効な利用の確保及び廃棄物の適正な処理を図り、もって生活環境の保全及び国民経済の健全な発展に寄与することを目的とする。

建設資材とは土木建築工事（建設工事）に使用する資材で、建築物等の解体工事や建築物等に用いられた建設資材廃棄物を、種類ごとに分別して工事を計画的に施工することが求められています。また、新築工事等に伴い副次的に発生する建設資材廃棄物をその種類ごとに分別して工事を施工することも求められています。

(i)　食品循環資源の再生利用等の促進に関する法律（食品リサイクル法）

食品循環資源の再生利用等の促進に関する法律は、流通や消費の過程で破棄される食品が多くなっていることから作られた法律で、その目的は、第１条に次のように示されています。

この法律は、食品循環資源の再生利用及び熱回収並びに食品廃棄物等の発生の抑制及び減量に関し基本的な事項を定めるとともに、食品関連事業者による食品循環資源の再生利用を促進するための措置を講ずることにより、食品に係る資源の有効な利用の確保及び食品に係る廃棄物の排出の抑制を図るとともに、食品の製造等の事業の健全な発展を促進し、もって生活環境の保全及び国民経済の健全な発展に寄与することを目的とする。

この法律の対象は、飲食料品のうちで、薬事法に規定する医薬品以外のものすべてになります。事業者や消費者には、食品の購入や調理の方法の改善によって、食品廃棄物の抑制を行うと同時に、食品循環資源の再生利用製品の再利用を促進することが求められています。

(j)　容器包装に係る分別収集及び再商品化の促進等に関する法律（容器包装

リサイクル法）

容器包装に係る分別収集及び再商品化の促進等に関する法律の目的は、第１条に次のように示されています。

> この法律は、容器包装廃棄物の排出の抑制並びにその分別収集及びこれにより得られた分別基準適合物の再商品化を促進するための措置を講ずること等により、一般廃棄物の減量及び再生資源の十分な利用等を通じて、廃棄物の適正な処理及び資源の有効な利用の確保を図り、もって生活環境の保全及び国民経済の健全な発展に寄与することを目的とする。

事業者には、繰り返し利用できる容器包装を使用したり、容器包装の使用を抑制することが求められると同時に、分別基準に適合した物の再商品化や分別収集を促進することも求められています。

(k)　使用済自動車の再資源化等に関する法律（自動車リサイクル法）

使用済自動車の再資源化等に関する法律の目的は、第１条に次のように示されています。

> この法律は、自動車製造業者等及び関連事業者による使用済自動車の引取り及び引渡し並びに再資源化等を適正かつ円滑に実施するための措置を講ずることにより、使用済自動車に係る廃棄物の減量並びに再生資源及び再生部品の十分な利用等を通じて、使用済自動車に係る廃棄物の適正な処理及び資源の有効な利用の確保等を図り、もって生活環境の保全及び国民経済の健全な発展に寄与することを目的とする。

自動車製造業者には、設計や原材料を工夫することによって、自動車の長期利用を促進すると同時に、使用済み自動車の再資源化を容易にして、再資源化の費用を低減することが求められています。

（3） 環境に関する規制

我が国では、1960 年代から 1980 年代にかけて、工場から大量の硫黄酸化物等が排出され、工場地帯に近い地域において大気汚染が発生しました。そのため、さまざまな法律が制定されるとともに、多くの規制対象物質とその基準値が定められています。その中でも、大気と水、騒音に関するものについて実際の規制対象物質を紹介します。

(a) 大気の規制

大気汚染防止法で排出規制の対象となっている物質には、次に示すようなものがあります。

1） 二酸化炭素

二酸化炭素は、化石燃料等の燃焼によって生成され、地球温暖化に大きな影響を及ぼす物質とされています。

2） 二酸化硫黄

二酸化硫黄は、硫黄分を含む石油や石炭などを燃焼させた際に生成され、呼吸器系疾患などを発症させます。日本の四大公害病の一つである四日市ぜんそくは二酸化硫黄によって生じたものです。また、雨粒に取り込まれると酸性雨となって水界生物への影響や土壌の酸性化による植物被害をもたらします。

3） 一酸化炭素

一酸化炭素は、石油や石炭などが不完全燃焼する際に発生します。一酸化炭素は急性毒性があるだけではなく、ヘモグロビンと結合することにより、酸素運搬機能を阻害し、死亡事故につながります。

4） 二酸化窒素

二酸化窒素は燃焼工程から発生する物質ですが、燃料に含まれている窒素分から発生するものと、空気中の窒素から発生するものがあります。二酸化窒素は、呼吸器の抵抗力を弱めて感染症にかかりやすくしたり、慢性の気管支炎を引き起こしたりするだけではなく、**光化学オキシダント**の発生要因ともなります。

5） 浮遊粒子状物質

浮遊粒子状物質は、粒径が小さく長期間空気中に滞留する物質で、10 μm 以下のものは人間が呼吸で吸い込んでしまうため、規制の対象となっています。そのうち、粒径が 2.5 μm 以下のものを **PM2.5** と呼びますが、粒径がさらに小さいために肺の奥深くまで入りやすいことから、ぜんそくや肺がん以外にも、不整脈や心臓発作の要因になるとされています。そのため、ディーゼル車等から排出される浮遊粒子状物質の対策が必要とされています。

6)　光化学オキシダント

光化学オキシダントは、工場や自動車などから排出された二酸化窒素と炭化水素が空気中で紫外線の照射を受けて反応し。その結果生成するオゾンを中心とする酸化性物質の総称です。現在でも、光化学オキシダントの環境基準達成率は低いレベルにとどまっています。

(b)　水・土壌の規制

河川や土壌の汚染物質としては、さまざまなものが考えられます。それらの代表例を物質別に示してみると次のようなものがあります。

1)　有機物質

排水基準を定める総理府令では、18 種類の有害物質が定められています。代表的なものとして、トリクロロエチレン、テトラクロロエチレン、四塩化炭素、トリクロロエタン、有機リン化合物、アルキル水銀化合物、フェノール、ダイオキシンなどがあります。これらは通常自然界には存在しない物質なので、人間が技術によって作り出した有害物質といえます。特に、ダイオキシンは急性毒性が強いだけではなく、奇形の発生や発がん性、内臓障害の原因となることから問題視されています。ダイオキシンの発生源のほとんどはごみ焼却施設ですが、対策として長時間の高温処理を行い完全燃焼させるようになっています。しかし、排ガスの冷却過程で再合成が起きますので、それを避けるために急冷などの対策も行われています。

2)　無機物質・重金属

排水基準を定める総理府令では、6 種類の有害物質が定められていますが、それ以外にも多くの有害物質があります。具体的には、水銀及びその化合物、カドミウム及びその化合物、鉛及びその化合物、ヒ素及びその化合物、セレン及びその化合物、モリブデン、六価クロム化合物などの、新聞等で聞いたことがある物質が挙げられています。また、銅や亜鉛などの身近に使われている物質もあります。

3） 窒素化合物

窒素化合物は、水の中では**富栄養化**物質となる物質で、有機体窒素、アンモニウム性窒素、硝酸性窒素などがあります。

4） リン化合物

リン化合物も窒素化合物と同様に富栄養化物質となります。以前は合成洗剤に含まれていましたので、家庭から出る有害物質として注目されました。

5） 油類

水質汚濁防止法では、動植物油類と鉱物油類に分けられています。原油流出事故などでは鉱物油による汚染が話題となります。

6） 細菌類

細菌類としては、一般細菌と大腸菌類があります。

7） 農薬

農薬は、殺虫剤、殺菌剤、除草剤に分けられます。農薬の場合には最終的には人間の口から体内に入る農作物に施すものですので、現在関心が高くなっています。最近では、有機農法や無農薬農法などが付加価値として評価されるようになってきています。

8） 水質基準

水質基準の尺度として多く用いられている基準値として、次のものがあります。

① 生物化学的酸素要求量（BOD）

② 化学的酸素要求量（COD）

③ 水素イオン濃度（pH）

④ 溶存酸素量（DO）

⑤ 浮遊物質量（SS）

土壌汚染に対しては汚染の除去が実施されなければなりませんが、その方法としては、熱処理、洗浄処理、化学処理、生物処理、抽出処理等の汚染地域内で行う方法と、地域外に排出して、汚染土壌処理施設で処理する方法があります。また、下水処理は、一次処理、二次処理、高度処理と段階的に行われます。一次処理は、固形物や浮遊物を物理的に分離する処理で、二次処理は微生物などを用いて有機物を分解する処理になります。最近では、それらの処理に加えて、分解しにくい有機物や窒素・リンなどを除去する高度処理が行われています。

(c)　騒音・振動

都市環境においては、騒音や振動に関する苦情は多く発生しています。騒音源としては、自動車、鉄道、飛行機などの交通機関によるものが最近では多くなってきています。自動車などの移動体から発生する騒音や振動は、都市交通の発達とともに拡大していく方向にあります。また、工場や建設工事現場から発生する騒音や振動は、かつては大きな問題となっていましたが、さまざまな対策の効果で減少する傾向にあります。逆に問題となってきているのが近隣の騒音です。近隣騒音については、個人の嗜好や生活環境の差があって、数値化して評価するというだけでは十分ではありません。

なお、騒音に係る環境基準は、**図表6.1.3**のようになっています。

図表6.1.3　騒音に係る環境基準

地域の類型	地域例	基準値	
		昼間	夜間
AA	療養施設、社会福祉施設等が集合して設置される地域	50デシベル以下	40デシベル以下
A	専ら住居の用に供される地域	55デシベル以下	45デシベル以下
B	主として住居の用に供される地域	55デシベル以下	45デシベル以下
C	相当数の住居と併せて商業、工業等の用に供される地域	60デシベル以下	50デシベル以下

（4） 環境変化事象

地球温暖化だけではなく、さまざまな環境変化が起きていますので、ここでいくつか紹介します。

(a) オゾン層破壊

南極上空でのオゾンホールの発見以来、オゾン層破壊は重大な地球環境問題の一つとして認識されてきました。オゾン層が破壊されると地上に到達する紫外線量が増大し、皮膚がんの増加や免疫機能の低下などの人体への影響のほか、稲や大豆など紫外線の影響を受けやすい作物の減収など、農作物への被害が発生するといわれています。オゾン層破壊に対しての国際条約としては、**ウィーン条約**（オゾン層の保護に関するウィーン条約）や**モントリオール議定書**（オゾン層を破壊する物質に関するモントリオール議定書）などがあります。

(b) 酸性雨

酸性雨とは、硫酸や硝酸を含んだ強い酸性（pH5.6 以下）の雨をいいます。広義には、酸性の雪や霧、乾燥した粒子状物質として直接降下する場合を含みます。工場や自動車から排出される硫黄酸化物や窒素酸化物が、長時間、長距離漂ううちに酸化が進み、雨などに含まれた状態で地上に降りますので、自然環境への影響が大きく、生態系への影響も懸念されています。アジア地域においても、各国の経済発展に伴い硫黄酸化物や窒素酸化物の排出量が増大し、酸性雨問題が再び浮上してきています。国際的には、酸性雨防止のために、**長距離越境大気汚染条約**が定められています。

(c) 海洋汚染

世界の海洋汚染の全体像は必ずしも明らかではありませんが、北海、バルト海、地中海などの閉鎖性水域においては、赤潮発生の拡大、重金属などの有害物質による汚染が広がっています。また、DDT などの有害物質がプランクトン→小魚→魚という循環の中で凝縮されていくような問題も指摘されています。このような現象はダイオキシンも同様で、ダイオキシンの場合には環境ホルモンとして生態系の維持に大きな影響を与えます。最近では、プラスチックが細かくなった**マイクロプラスチック**に有害物質が吸着し、それを食べた小魚に入り、それを食べる魚類に凝縮され、最終的に人間の体内に入ることが懸念されています。また、我が国の湾内にはPCBや重金属がヘドロとして堆積しているといわれていますし、自然界に自然では循環しないプラスチック類が海流に乗って遠くの国にまで漂流し、離れた場所で問題になる場合も多くなっています。

（5）　環境への責任の考え方

環境への責任の考え方として、最近では下記に示すPPPと拡大生産者責任の2つの考え方が国際的な基本となっています。

(a)　PPP（汚染者負担の原則）

経済協力開発機構（OECD）は、1972年に**PPP**を取り入れ、汚染者が環境劣化に対処する費用を負担すべきであるとしました。この原則に従うと、汚染防止や規制の実施に伴う費用については、汚染者が生産する製品やサービスの費用の中に含まれなければならないということになります。これは地域的な汚染や廃棄物の処理には適用が容易ですが、地球温暖化問題のように、影響が地球全体に及ぶものについては適用が難しくなります。また、途上国の石炭火力発電などから排出される排ガスが、先進国の大気に及ぼす影響に対する負担にしても同様のことがいえます。このような場合には、世界的な協力関係や先進国の技術供与などの受益者負担で実施する方法も有効であるとされています。

(b)　拡大生産者責任

拡大生産者責任は経済協力開発機構（OECD）が提唱したもので、製品の製造、流通、消費時だけではなく、製品の廃棄やリサイクルされる際に要する費用までも含めて、生産者の責任を拡大しようというものです。その費用が製品価格に上乗せされることも考えられますが、競争社会で販売していくためには、処分やリサイクル費用を削減できるような設計を行う技術が促進され、環境負荷が少ない製品の普及が促進されると期待されています。

(c)　環境マネジメントシステム

環境マネジメントシステムでは、現在ISO14000が大きな注目を集めています。これまでは、公害を出さない企業というのが１つの目標でしたが、これからは事業活動全般を通して、環境にやさしい企業であることが望まれるようになってきています。ISO14000では、経営者の責任を重くしており、環境方針の決定にはトップマネジメントが深く関わることが求められています。

環境マネジメントシステムでは、環境側面をマネジメントし、順守義務を満たし、リスクおよび機会に取り組むことを求めています。また、環境パフォーマンスの向上を含む意図した成果を達成するため、必要なプロセスおよびそれらの相互作用を含む、環境マネジメントシステムを確立し、実施し、維持し、継続的に改善しなければならないとされています。ここでの方法は、ISO9000と同様に、PDCAサイクルを回しながら実行することです。このISOで対象としている環境としては、大気、水質、土地、天然資源、植物、動物、人およびそれらの相互関係を含むとされています。

(6) 環境関連の用語

これまでに我が国でも環境に関して悲惨な問題が発生した過去があります。また、最近では製品製造においても環境は非常に重要な要素となっています。そのような、環境に関する用語のいくつかを紹介します。

(a) ライフサイクルアセスメント（LCA）

ライフサイクルとは、資源の採取から始まって、素材や部品の製造段階、製品の製造段階、製品の流通時点、販売から購入段階、使用段階、そして最終的な廃棄またはリサイクル段階までの7段階すべてを指します。**ライフサイクルアセスメント**とは、この7段階すべてにおいて、環境に与える負荷を客観的に評価する手法の1つです。

(b) ゼロエミッション

ゼロエミッションは、排ガス、排熱、排水、廃棄物を出さないような資源の再利用方法への取り組みです。もちろん、資源を再生するためにエネルギーは必要ですので、完全なゼロエミッションにはできないと考えるべきです。しかし、排出するものを減らす努力は直接的に環境の悪化防止になりますので、環境負荷をゼロに近づけるための努力は大きな意味を持ちます。具体的な方法としては、工場で排出された物質を別の工場の原料や燃料とする方法があります。そのためには、相互に利用し合える異業種の工場が近隣に立地している必要があります。

(c)　グリーン購入

環境にやさしい消費行動として、環境負荷の少ない商品を購入する運動が**グリーン購入**で、国等による環境物品等の調達の推進等に関する法律（**グリーン購入法**）も施行されています。消費者団体や自治体が、環境にやさしい商品とそのメーカーを紹介するガイドブックを作成して、消費者が商品を購入しやすいように手助けをしています。消費者が、環境に優しい商品を購入したり、過剰包装を拒否したりする行動は、**グリーンコンシューマリズム**（消費者運動）といわれており、こうした行動が環境保護には欠かせなくなってきています。

(d)　ヒートアイランド現象

都市などの人口密度が高く、多くの経済活動が行われている場所では、都市排熱（ビルや自動車からの排熱）によって気温が上昇し、異常に高くなります。排熱が太陽から受ける熱量に比べて無視できない量になった場合には、都市郊外と比べて、局地的に気温が高くなります。これを温度曲線で地図上に示すと熱の島のように見えることから、**ヒートアイランド現象**と呼ばれています。最近では、ヒートアイランド現象によって天候にも影響が及び、都市部での局地的な大雨や竜巻が発生しています。このような現象を防ぐために、都市部のビル屋上を緑化しようという試みが現在進んでいます。屋上緑化は、屋上屋根の温度を下げるため、直接的にビル内のエネルギー削減にもつながりますので、省エネルギー対策としても評価されています。

(e)　カーボンフットプリント

カーボンフットプリントは、商品やサービスの原材料調達から廃棄・リサイクルに至るまでのライフサイクル全体を通して排出される環境負荷を定量的に算定できるようにする制度です。基本的には、LCA（ライフサイクルアセスメント）の手法を使って、製品やサービスのライフサイクル全体で排出される温室効果ガスの量をCO_2の量に換算して、製品やサービスに表示します。この制度の目的は、自分の行動によって排出される温室効果ガスに責任を持つことを求められるようになった企業や市民が、低炭素化社会の実現に向けて責任ある行動をとるために、CO_2 排出量の「見える化」をしようとするものです。

カーボンフットプリントの表示については、次のような条件があります。

① 共通のマークを使う

② 1個あたりのライフサイクル CO_2 排出量を表記する

③ 単位は g-CO_2 換算、kg-CO_2 換算、t-CO_2 換算を使う

④ 表示業者は、継続的に CO_2 排出量の削減に向けて努力をする

この制度が広まると、消費者は、この表示を見て環境に優しい商品やサービスを選択できるようになります。

(f) 環境報告書

環境報告書は、企業などの事業者が、下記の内容等について取りまとめ、名称や報告を発信する媒体を問わず、定期的に公表するものです。

① 経営責任者の緒言

② 環境保全に関する方針・目標・計画

③ 環境マネジメントに関する状況（環境マネジメントシステム、法規制遵守、環境保全技術開発等）

④ 環境負荷の低減に向けた取組の状況（CO_2 排出量の削減、廃棄物の排出抑制等）

(g) 環境監査

環境監査は、企業等が独自に環境に対する管理体制を点検する経営管理方法の1つです。また、企業等の買収においても、買収したのちに過去の環境問題で企業の利益が損なわれないかという視点で行われる場合もあります。

(h) 環境会計

環境会計は、企業等が持続可能な発展を目指して、社会との良好な関係を保ちながら、環境保全への取組を効率的・効果的に推進していく目的で行われます。環境会計は、企業が事業活動における環境保全のためのコストとその活動により得られた効果を認識し、可能な限り定量的に測定し伝達する仕組みです。

2. エネルギー

エネルギーについては、我が国におけるエネルギーの需給状況とエネルギー関連の問題が多く出題されています。それに加えて、エネルギー技術の問題や計算問題も出題されています。

(1)　エネルギーに関する施策

エネルギー資源が少ない我が国において、エネルギー政策は非常に重要なものとなっています。そういった施策に関する法律を紹介します。

(a)　エネルギー政策基本法

エネルギー政策基本法の第２条では、安定供給が定められていますが、近年の状況をみると、エネルギー源を化石燃料に頼っており、財務省貿易統計によると、2017年の石油及び石油製品の輸入金額が、総輸入金額に占める割合は12％にもなります。また、2017年の我が国の原油輸入の実績は、サウジアラビアが40.2％で第１位、クウェートは7.1％で第４位となっています。これらの国からの輸送は、イランとアラビア半島間にある海峡で、ペルシャ湾の唯一の海路出入口であるホルムズ海峡を通過しなければならないため、地政学的リスクが高い状況です。

なお、第12条で**エネルギー基本計画**の策定が定められており、平成30年７月に「第五次エネルギー基本計画」が閣議決定されました。そこでは、第四次エネルギー基本計画と同様に、エネルギー政策の基本的視点として、次の「**3E＋S**」を掲げています。

①　安全最優先（Safety）

②　資源自給率（Energy security）

③　環境適合（Environment）

④　国民負担抑制（Economic efficiency）

なお、第五次エネルギー基本計画では、第四次エネルギー基本計画より高度な「3E+S」を目指すために、4つの目標を掲げています。

ⓐ　安全の革新を図ること

ⓑ　資源自給率に加え、技術自給率とエネルギー選択の多様性を確保すること

ⓒ　「脱炭素化」への挑戦

ⓓ　コストの抑制に加えて日本の産業競争力の強化につなげること

一方、具体的には電源のベストミックスについて議論がなされており、第五次エネルギー基本計画では、2030年度の日本の電源構成は、**図表6.2.1**のような目標になっています。

図表6.2.1　2030年度の電源構成

電源	比率
再生可能エネルギー	22〜24%程度
原子力	20〜22%程度
LNG火力	27%程度
石炭火力	26%程度
石油火力	3%程度

出典：資源エネルギー庁

なお、第五次エネルギー基本計画の第2章第2節第2項で「徹底した省エネルギー社会の実現」が示されており、エネルギーの消費量全体は削減していく方向にあります。

(b)　エネルギーの使用の合理化に関する法律（省エネルギー法）

エネルギーの使用の合理化に関する法律の目的は、『この法律は、内外におけるエネルギーをめぐる経済的社会的環境に応じた燃料資源の有効な利用の確保に資するため、工場等、輸送、建築物及び機械器具等についてのエネルギーの使用の合理化に関する所要の措置、電気の需要の平準化に関する所要の措置その他エネルギーの使用の合理化等を総合的に進めるために必要な措置等を講

ずることとし、もって国民経済の健全な発展に寄与することを目的とする。』と第1条に示されています。

また、第2条では、次の2つの言葉を定義しています。

①　エネルギーの定義

エネルギーとは、燃料、化石燃料を熱源とする熱、及び化石燃料で発電した電気をいう。

②　燃料の定義

燃料とは、原油、揮発油、重油、その他経済産業省令で定める石油製品、可燃性天然ガス、石炭、コークス、その他経済産業省令で定める石炭製品、燃焼その他の経済産業省令で定める用途に使うものである。

ここで重要な点は、太陽電池や風力発電で発電された電気は、省エネルギー法が対象とするエネルギーにはならないという点です。ですから、企業や個人が自然エネルギーで発生した電気をいくら使っても、省エネルギー法上ではエネルギーを使ったとは考えないのです。ですから、化石燃料の消費を抑えるというのが、この法律の基本的な目的になります。

省エネルギー法では、省エネルギー化を促進するため、**トップランナー制度**を設けています。トップランナー制度の対象は、テレビや冷蔵庫、変圧器などの電気製品だけではなく、複合機やプリンターなどの事務用機器、ガス調理器などのガス器具、乗用自動車、断熱材やサッシなどの住宅資材など広い範囲に及んでいます。

(c)　新エネルギー利用等の促進に関する特別措置法（新エネルギー法）

エネルギーの需給を安定化させるための方策の1つとして、新エネルギーの利用促進は不可欠です。そのために作られた法律が**新エネルギー利用等の促進に関する特別措置法**になりますが、その目的は第1条に次のように示されています。

この法律は、内外の経済的社会的環境に応じたエネルギーの安定的かつ適切な供給の確保に資するため、新エネルギー利用等についての国民の努力を促すとともに、新エネルギー利用等を円滑に進めるために必要な措置を講ずることとし、もって国民経済の健全な発展と国民生活の安定に寄与することを目的とする。

このように、目的の中で国民に新エネルギーの利用の促進を呼びかけていますし、利用の促進のために、必要な措置を講ずるとされています。なお、新エネルギー利用等の促進に関する特別措置法施行令の第1条では、新エネルギーとして次の項目が示されています。

① 動植物に由来する有機物でエネルギー源として利用することができるものを原材料とした燃料
② バイオマスまたはバイオマスを原材料とする燃料で得た熱
③ 太陽熱での給湯、暖房、冷房などの利用
④ 冷凍設備を用いた海水、河川水その他の水の熱源としての利用
⑤ 冷凍機器を用いて生産したものを除く、雪または氷を熱源とする熱の冷蔵、冷房その他の用途への利用
⑥ バイオマスまたはバイオマスを原材料とする燃料での発電
⑦ アンモニア水、ペンタンその他の大気圧における沸点が100℃未満の液体を利用する地熱発電
⑧ 風力発電
⑨ かんがい、利水、砂防その他の発電以外の用途に供される工作物に設置される出力が1,000 kW以下である水力発電
⑩ 太陽電池発電

この法律では、第3条第1項で、「経済産業大臣は、新エネルギー利用等の促進に関する基本方針（以下、基本方針）を定め、これを公表しなければならな

い。」としています。また、第４条第１項では、「エネルギー使用者は、基本方針の定めるところに留意して、新エネルギー利用等に努めなければならない。」とされており、同条第２項で「エネルギー供給事業者および製造事業者等は、基本方針の定めるところに留意して、新エネルギー利用等の促進に努めなければならない。」と定められています。

（２）　エネルギー効率

地球温暖化に大きな影響を与えるとされている二酸化炭素の排出量は、エネルギー資源によっても変わります。等しい熱量を得る条件で、石炭、石油、天然ガスを用いた場合、二酸化炭素の発生量はほぼ「**石炭：石油：天然ガス＝5：4：3**」の比率になります。このように、エネルギー資源の使い方でも、地球温暖化の影響が変わってきます。そういった点で、環境（Environment）、社会（Social）、ガバナンス（Governance）を重要視して投資を行うという考え方の**ESG投資**では、石炭火力発電所を所有していると会社の株式を売却するという動きも欧州を中心に進んでいます。我が国においても、商社等で同様の動きが始まっています。

エネルギーには、化学エネルギー、熱エネルギー、力学エネルギー、電気エネルギーなどがあります。これらのエネルギーは、それぞれの特性を活かして、さまざまな分野で応用されてきました。

現在、利便性が高いことから多く用いられているのは、電気エネルギーでしょう。実際の統計においても、利用されているエネルギーの約40％が電気エネルギーに変換されています。このため、電気エネルギーの効率向上に対する要望は高いものといえます。電気エネルギーの効率では、利用する際の効率向上が考えられます。利用される電気機器の効率は、トップランナー方式の拡大やインバータ技術の向上などに伴い、大幅に向上してきています。

一方、供給側でも効率改善が行われています。現在の発電効率は、全体平均として約40％といわれています。逆の面からいうと、発電を行う場合には、60％程度のエネルギーをロスしているともいえます。しかも、電力事業の場合には、需要者まで電気を届けなければなりませんので、送電ロスが加わってきます。送電ロスは、発電電力量の 10 %程度なので、一次エネルギーの 36 % (0.4×0.9) しか実際には使っていない結果になります。結局、電気を使用する場合には、実際に使った電力の約 3 倍の一次エネルギーを消費しなければならない計算になります。発生する二酸化炭素の量もその分多くなりますので、環境には悪い影響を与えている結果になります。このため、一次エネルギーを効率良く利用しようという工夫が進んでいます。また、発電時に排出されるガスによる環境汚染を減らすために、天然ガスなどのクリーンなエネルギーの活用方策も合わせて実施されています。

エネルギー消費に関しては、次のような例題があります。

【例題】 エネルギー消費を伴う次の a~c の行動に伴って排出される 1 人当たりの二酸化炭素（CO_2）の量はそれぞれいくつか。ただし、ガソリン 1 リットルの燃焼からの CO_2 排出量は 2.32 kg とする。また、電力 1 kWh の消費に伴って発電所で排出される二酸化炭素（CO_2）は 0.47 kg とする。

a：燃費 10 km/リットルのガソリン自動車に 3 名が乗車して 100 km 走行したときの 1 人当たりの排出量

b：平均消費電力 8,000 kW、平均時速 200 km の高速鉄道車両 1 編成に 1,000 人が乗車して、500 km 走行したときの 1 人当たりの排出量

c：4 人家族の世帯が、消費電力 500 W の暖房器具 1 台を、1 日当たり 4 時間の割合で 50 日間使用したときの 1 人当たりの排出量

【解説】 a：消費したガソリンは、100/10＝10 リットルであるので、二酸化炭素の排出量は 2.32×10＝23.2［kg］となります。1 人当たりにすると 23.2 kg/3≒7.7 kg となります。

b：500 km 走行するのにかかった時間は、500/200＝2.5［時間］、そのとき消費した電力は、8,000×2.5＝20,000［kWh］ですので、二酸化炭素の排出量は 20,000×0.47＝9,400［kg］となります。1 人当たりにす

ると 9,400 kg/1,000＝9.4 kg となります。

c：暖房器具を 50 日間使用した時の消費電力は、500×4×50/1,000＝100［kWh］ですので、二酸化炭素の排出量は 100×0.47＝47［kg］となります。1 人当たりにすると 47 kg/4＝11.75 kg となります。

（3） 発電の省エネルギー手法

環境の面で二酸化炭素の発生を抑制するためには、発電コストの効率化を図る方法があります。そういった例を紹介します。

(a)　コンバインドサイクル発電

従来、熱として捨てていた部分を効率良く利用しようという試みとして、**コンバインドサイクル発電システム**があります。コンバインドサイクル発電システムとは、**図表 6.2.2** に示すように、蒸気タービン発電システムとガスタービン発電システムを組み合わせて、高温から低温までの広い領域にわたって発電を行うシステムです。最近では、発電効率が50％を超えるプラントも実現しています。

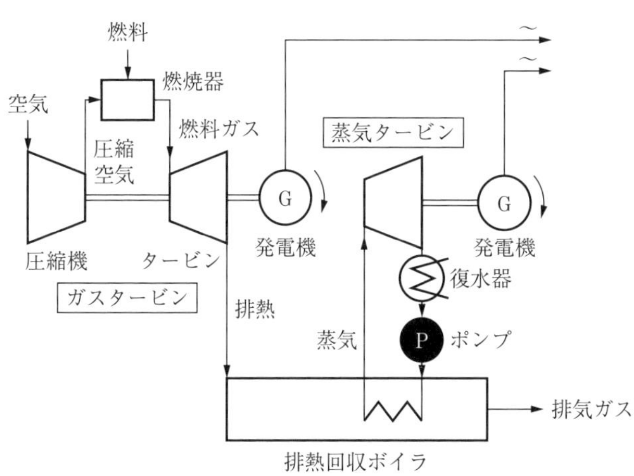

図表 6.2.2　コンバインドサイクル発電の基本構成図

(b)　コジェネレーションシステム（CGS）

コジェネレーションシステムとは、原動機を一次エネルギーで駆動して発電し、その際に発生する排熱を熱として利用するシステムです。そのため、熱電併給システムと呼ばれています。熱を利用する点では、熱を多く利用する施設に有効なシステムですので、工場や食品加工工場、ホテル、病院などへの応用が進んでいます。

コジェネレーションシステムでは、発電場所で電気が利用されますので、当然送電ロスも少なくなります。最近では、発電した電気を売れるようになりましたので、熱を多く利用する施設においては余った電気を売ることもでき、一層普及が進んでいます。エネルギー効率としては、発電で25〜40％、排熱利用が40〜50％になりますので、総合効率としては約80％にまで高められます。

(c)　**エネルギーの依存度**

最近では、太陽光発電や風力発電が話題となっていますが、一次エネルギーの比率を示した**図表6.2.3**を見ると、まだまだ新エネルギーの比率は低くなっています。

図表6.2.3　一次エネルギーの比率（2017年度）

一次エネルギー	比率（%）
石油	39.1
天然ガス	23.4
石炭	25.2
原子力	1.3
水力	3.4
再生可能エネルギー（水力除く）	7.6

出典）エネルギー白書2019

原子力発電があまり稼働していない2017年度では、利用されているエネルギーの多くが化石エネルギーになります。全体の40％程度は石油になりますし、23％強は天然ガスで、これに石炭の25％強を加えると、全体の約88％が化石エネルギーの利用になっています。水力を含む再生可能エネルギーはまだ

10 %程度です。

各資源１kgを燃焼させたときの発熱量は、その資源の産地や資源の状態によっても変わりますが、その目安としての数字を示すと、**図表 6.2.4** のようになります。

図表 6.2.4　資源別の発熱量

資源	1 kg 当りの発熱量
LNG（液化天然ガス）	13,300 kcal
石油	10,000 kcal
石炭	7,000 kcal
乾燥木材	4,500 kcal

なお、1 kg 当りの発熱量が多い LNG は、産出国で天然ガスをマイナス 162℃まで冷却して液化し、体積を **1/600** にして、LNG 船を使って我が国に輸送されています。

(d)　再生可能エネルギー

地球温暖化やエネルギー自給の観点から、再生可能エネルギーの利用を促進させようとして設けられた制度が、**再生可能エネルギー買取価格制度**になります。この制度で対象となる再生可能エネルギーは、太陽光、風力、水力、地熱、バイオマスの５つで、買取価格は経済産業大臣が毎年度定めるとされています。なお、バイオマスとは、生物資源でエネルギーとして利用できるものをいうので、建設発生木材や食品廃棄物、下水汚泥などが含まれます。電気事業者は、定められた高い買取価格で買取らなければなりませんが、その費用は電気の使用者に賦課金として請求されますので、最終的には使用者が負担する結果となります。当初は、太陽光発電の買取価格が高く設定されていたため、太陽光発電が急速に増大し、電力の安定供給に支障がでるようになったため、電力会社が引き取りを拒否する事態も生じており、買取価格の見直しがなされました。なお、2019 年からは、この買取価格制度も順次満期を迎えて、電力会社による買取価格が大幅に下がることになっています。

1)　太陽光発電

太陽エネルギーは、地球の大気圏外で約 1.38 kW/m^2 得られます。そのうちの 30 %は、地表に届くまでに気体や微粒子によって吸収または散乱されてしまうために、地表では約 1 kW/m^2 のエネルギーが得られます。**太陽光発電**は、太陽電池を使って太陽光から直接電気を取り出すシステムです。太陽電池はクリーンなエネルギーであり、メンテナンスも容易で半永久的に使用できることから、新エネルギーの中でも有力なものと考えられています。しかし、コストが高く、天候によって出力が変わり不安定であるという欠点を持っています。日本における最近の設備利用率は、13 %程度と低い値にとどまっています。

太陽電池自体のコストが高いのも課題ですが、太陽電池を取り付ける架台のコストやインバータなどの周辺機器のコストも高いので、そうした部分の低コスト化策としてさまざまな工夫がなされています。一般の住宅では 3〜4 kW 程度の設備で十分ですが、それでも相当高い設備といえます。太陽光発電を計画する場合には、エネルギー償還年数が問題になります。**エネルギー償還年数**とは、太陽電池を製造するために使用したエネルギーの総量を、太陽電池が 1 年間に発電するエネルギー量で割った値になります。この年数が長いと、実際に太陽電池システムを製造するために多くのエネルギーを費やしてしまい、実質上、省エネルギーにはならなくなってしまいます。

2)　風力発電

風力発電は、ドイツ、デンマーク、アメリカではこれまでも積極的に利用されてきました。しかし、日本の設備容量は非常に低い数字にとどまっています。

風力発電で最も疲労を受けやすいのは翼部分ですが、平均風速が高く風速に時間変化が大きい場所での設置では、疲労による設備劣化が進むとされています。また、年間を通して一定方向に安定的な風が得られるのが理想なので、立地条件の面で大きな制約を受けます。

風車の種類としては、水平軸型と垂直軸型の 2 種類があります。最も多く利用されているのは、プロペラ型をした水平軸型で、3 枚翼のものが一般的になっています。風車のロータ軸出力は、次の式で求められます。

$$P = \frac{1}{2} C\rho V^3 A = \frac{1}{8} C\rho\pi D^2 V^3$$

ρ：空気密度［kg/m^3］、C：風車羽根車のパワー係数、V：風の流速［m/s］

A：風車羽根の投影面積［m^2］、D：風車直径［m］

このように、風車では風の流速の**3乗**に比例したエネルギーが得られます。なお、風車ロータの空気力学的なエネルギー変換効率を**パワー係数**といいますが、その理論上の最大効率に**ベッツの限界**という理論限界があります。その数値は、16/27≒0.6（60％）になります。

NEDOで推奨している風力発電の条件は、地上高さで平均風速5m/s以上とされています。なお、風車の付近では、風切り音などの騒音も発生します。また、民家が近い場所では電波障害などの可能性もありますので、対策の検討が必要となります。こうした条件の面から、国土が狭く台風などの季節的な変動が大きい日本では、風力発電の立地場所を探すのは容易ではありません。なお、日本における陸上風力発電の設備利用率は20％程度にとどまっています。最近では、洋上風力発電が注目されており、欧州では普及していますが、我が国では遠浅の海岸線が少ないことから、主に浮体式の洋上風力発電の研究がなされています。

3)　地熱発電

火山国でもある我が国は地熱エネルギーには比較的恵まれていますが、我が国の地熱発電設備容量は、全発電設備容量の0.2％程度にしかなりません。世界的にはフィリピンのように、総発電設備容量の14％程度を占める地熱発電国も存在します。

地熱発電の原理は、地下から蒸気や熱水を取り出して、その蒸気で蒸気タービンを回して発電します。取り出した蒸気や熱水の温度によっていくつかの方式があります。天然の蒸気は、火力発電のボイラで作りだしたものとは違って低圧なので、低圧タービンを用いて発電を行います。なお、天然蒸気には不純物が含まれていますので、不純物がスケールとなってタービン内に付着します。その不純物によって腐食が起きるおそれがあります。また、地下から発生するガスには、硫化水素や炭酸ガスなどが含まれていますので、そうした環境に悪影響を与える物質を除去する必要があります。しかし、地熱発電は、他の自然エネルギー発電と比べてはるかに安定した発電が行えますし、燃料が不要であるため、有力な再生可能エネルギーの1つといえます。また、ここで取り出された熱水は、多面的に利用できますので、地域振興にも効果があると考えられています。ただし、地熱発電の好立地のほとんどが、自然公園法で国立公園や国定公園などの指定を受けている地区に入っていますので、容易に地熱発電所を建設できないのが実態です。そのため、大幅に増設を行うために、自然公園法の改正などが実施されています。

4）　廃棄物発電

現代社会では多くの廃棄物が排出されており、減量化のためにごみを燃焼させています。そこで発生する熱はプールなどの熱源として使われている程度で、必ずしも有効利用されているとはいえません。そういった排熱を有効に利用しようというのが**廃棄物発電**です。しかし、実際には現在のごみ焼却場は小規模なものが多く、ボイラの高温腐食を防止するために、蒸気温度は300℃程度に抑制されています。これを改善して、天然ガスを燃料とするガスタービンを併設して、高温で高圧の蒸気を発生させる**スーパーごみ発電**が計画されています。また、水分を乾燥させた生ごみ、プラスチック、古紙などを圧縮固定化して**RDF燃料**を作り、それを燃焼させて発電する方法も用いられるようになってきています。RDFは貯蔵も輸送もできますので、廃棄物発電所を安定して運転させることが可能となります。

ごみの焼却では、炉内が300℃程度の温度になった場合や不完全燃焼した場合には、問題視されているダイオキシンが生成されるといわれています。ダイオキシンが生成する条件を作らないようにコントロールしながら、大型の高温炉で廃棄物処理を行う方法で、リサイクル活動の一環としてのごみ発電が実現されます。廃棄物発電の特徴としては、現代社会では燃料の安定供給が可能ですし、施設が電力需要地である都市部に計画できるため、送電ロスが少ない電力システムを構築できます。同時に、コジェネレーションによる熱の利用も図れますので、総合効率の高いエネルギー源として利用することができます。

5)　燃料電池

燃料電池は、水の電気分解とは逆の反応を起こして、水素と酸素から電気を起こすシステムです。電池という名称はついていますが、一般の蓄電池と違って電気を貯める機能は持っていません。水素と酸素の反応だけですので、有害物質の排出もなく、非常にクリーンな発電システムということができます。燃料電池の場合にはスケールメリットがないといわれています。逆に考えると、小型のものでも長所を十分に生かせます。また、一般の発電機とは違って回転部分がありませんので、騒音問題などもなく、都市型の発電システムとしては非常に優れています。加えて、電気を発電する際に熱を発生しますので、コジェネレーションを行うことも可能です。このため、総合効率としては非常に高いものが実現できますので、省エネルギーの面では有効なシステムといえます。また、容積的な面で小型であるため、住宅の電力をまかなう発電装置や電気自動車用の電源としても開発が進められています。なお、燃料電池の種類によっては、触媒として価格の高い白金を使用するものがありますので、コストの面の低減が課題となっています。

6)　海洋エネルギー

地球の３分の２を占める海はダイナミックな動きをしており、多くの運動エネルギーを内在しています。国土を海に囲まれている日本においては、海洋エネルギーは無尽蔵のエネルギーともいえます。しかも、エネルギー密度は自然エネルギーの中では高いといえますので、今後の技術進歩が期待される分野です。そういった海洋エネルギーには、**図表 6.2.5** に示すものがあります。

図表 6.2.5 のうちで、潮汐による発電の式（$P=9.8\,GH$）は、これまでも何度か計算問題として出題されていますので、覚えておくようにしましょう。

なお、海水中には、1 リットル中に 3 μg のウランが溶存しているといわれていますので、地球上の海水には 4×10^9 トンのウランが溶存している計算になります。それを吸着剤等で回収し、原子力発電の燃料として利用しようという試みもなされています。

図表 6.2.5　海洋エネルギー利用

エネルギー	原理	発電量
海流・潮流	海水の流れによる運動エネルギーを利用する	$P=\frac{1}{2}\rho V^3$［W/m²］ ρ：海水密度、V：流速［m/s］
潮汐	干満による海面の上下運動をエネルギーを利用する	$P=9.8\,GH$［kW］ G：海水流量［m³/s］ H：水頭差［m］
波浪	波の位置エネルギーや運動エネルギーを利用する	$P=H^3T$ H：波高、T：周期［s］
温度差	海洋の表面と深海の温度差を電気エネルギーに変換する	

7）　バイオマスエネルギー

バイオマスとは、樹木や草などのような生物体の集合を意味します。バイオマスエネルギーは、プランテーションバイオマスと残さバイオマスの２つに分けられます。

プランテーションバイオマスは、ユーカリのように生長の早い木を植林して、それを炭などのエネルギー源として活用しようというもので、土地を利用してエネルギー源を生産するものです。地球上の生物が太陽の光を利用して行う光合成で固定化されるエネルギーは、3.0×10^{21} J/年といわれており、現在化石燃料から作り出されているエネルギーの 10 倍といわれています。この固定化されたエネルギーを利用するのが、バイオマスエネルギーになります。ただし、この方式は農業用地面積や二酸化炭素削減に有効な森林面積と競合するという課題もあります。

また、**残さバイオマス**は、農業生産品を食品に加工する段階で発生する副産物や廃棄物を使って、そこからガスなどのエネルギー源を生み出すものです。具体的には、トウモロコシなどを発酵させてエタノールに変換するとか、バイオマスのガス化でメタノールやガソリンを生成させて、それらをエネルギー源として活用する方法です。ただし、そういった作用を起こすのは生物ですので、生成スピードは工業化された技術と比べて遅いといえます。それでも量を多くしたり、成長や生物活動を一層促進させたりする方法によって、その欠点を克服することが可能と考えられています。

8)　蓄電技術

電気の面からみると蓄電は非常に重要な技術であるといえます。電気は発電したときに使用する、需要と供給のタイミングが一致したシステムです。そのために、発電設備は年間のピーク値をまかなうだけの容量を準備しなければなりません。需要のピークは、夏季の昼間になります。ピークに併せて設備容量を準備した場合には、冬季の夜間には多くの余剰設備が生まれます。これが電力で問題となっている**平準化問題**です。

さらに、電力需要は最近では多少減少傾向になりつつありますが、原子力発電が稼働していない状況では、再生可能エネルギーによる電力を蓄電または蓄熱して利用する試みは積極的に行われています。具体的には、夜間電力を用いた蓄熱層や氷蓄熱層を積極的に活用するなどの対策がとられていますが、それでも追いつかない状況です。それに対して、電気を直接貯められればよいのですが、大量の電力を貯める技術としては、現在のところ、余剰電力を使って低所の水を高所にくみ上げ、位置エネルギーとして蓄える**揚水発電所**くらいしかないのが実情です。しかも、立地の面からいえば、新たに揚水発電所を建設できる場所は我が国にはもうなくなっています。

そのため、大電力を貯蔵する大型電池の開発も行われています。代表としては、**ナトリウム硫黄電池**（NAS）や**レドックスフロー電池**（RF）などがあります。これらは二次電池であり、高電力貯蔵密度で、何度も充放電が可能な長サイクル寿命、省メンテナンスなどの特性を持たせる研究が進められています。また、**二次電池**としては、リチウムイオン電池やニッケル水素電池などがモバイル端末等に用いられていますが、今後は電気自動車への応用も求められていることから、電気自動車のニーズに対応した開発も行われています。

なお、充放電速度が速く、サイクル寿命が長いという点では、**電気二重層キャパシタ**という技術も有力なものとなります。電気二重層キャパシタは、２枚の電極にそれぞれ正と負の電荷を貯めるコンデンサの技術を用いたものです。

具体的には、特殊な電解液の中に正極と負極の電極を沈めて、その両極に電圧をかけると、電極の電荷を打ち消すだけのイオンが電極表面近傍に引き寄せられて、薄い層を作ります。この層を電気二重層と呼びます。さらに電極に多孔質の活性炭を用いると、通常よりも大きな電極表面積ができますので、より大きな静電容量を持つキャパシタとなります。また、高速で大きなパワーを充放電できるという特性から、電気自動車など電気駆動の輸送装置の停止時に回生ブレーキによって発電された電気を充電して、再び速度を上げる際に利用するという使い方ができます。そういった点で、鉄道や電気自動車などへの応用が期待されています。さらに、長寿命である点から、時間によって発電電力が変動する風力発電や太陽光発電の電力安定化装置としても期待されています。

9) スマートグリッド

これまでの電力システムの基本的な考え方は、電力の利用者が求める需要電力に合わせて、電力会社が発電設備の容量を調整するという考え方でした。それが、需要量と関係なく発電をする再生可能エネルギーの量が増えると同時に、電力会社の新規設備投資が難しくなり、予備発電設備を多くできないという資金的な問題から、利用者にも発電容量に合わせて需要量を調整してもらうという考え方がでてきました。その一つが**スマートグリッド**です。これを地域レベルで実現し、地域社会がエネルギーを消費するだけではなく、再生可能エネルギーやコジェネレーションなどの分散型エネルギーを持ち、蓄電などの蓄エネルギーも使って賢くエネルギーを管理する社会を**スマートコミュニティ**といいます。さらに、施設内に発電システムを備えると共に、スマート家電などをネットワーク化し、住宅内のエネルギーを最適に制御する住宅を**スマートハウス**といいます。ここで使われているスマートは、「かしこい」という意味で用いられています。こういった社会を実現するために必要なデータを収集するために用いられるのが、スマートメーターです。**スマートメーター**とは、通信機能を備えた電力計で、リアルタイムに電力の使用量を把握し、エネルギーを適切に管理できるようにした計器をいいます。

なお、最近では、**バーチャルパワープラント**（VPP）という概念も広がっています。バーチャルパワープラントは、需要家側のエネルギーリソース（再生可能エネルギー、蓄電池、ネガワットなど）をIoT技術やエネルギーマネジメント技術を使って制御し、あたかも1つの発電所のように機能させる手法で、仮想発電所と訳されます。なお、**ネガワット**とは、需要が多い時間帯に需要家の節電によって需要が削減された分を発電した量とみなす考え方で、節電所ともいわれます。バーチャルパワープラントの活用によって、無駄な待機予備設備を少なくするとともに、再生可能エネルギーや未利用エネルギーの活用ができるようになります。また、需要家は、節電を実現するピーク時の蓄電設備や蓄熱設備への投資に積極的になります。また、大規模災害時においても、分散型電源が整備されていることによって、それらからの給電も可能になり、減災にも効果があると考えられます。

(4)　需要側の省エネルギー技術

省エネルギーはすべての事業者に課せられたテーマですが、一般消費者が使う家庭用電化製品にも省エネルギーが求められています。家庭部門におけるエネルギーの使い方を見ると、**図表6.2.6**のようになります。

図表6.2.6の用途別では、冷暖房および給湯などの熱源としての利用が非常に多いのがわかります。また、エネルギー源別では、電気が半分を占めています。究極の省エネルギーは使わないことですが、そこまで極端な強制はできませんので、冷房の設定温度を1度上げるとか、暖房の設定温度を1度下げる運動が行われています。また、家電製品が使用されていない場合に、リモコンなどの操作を感知するために消費している電力を**待機電力**といいますが、省エネルギーセンターが平成24年2月に公表した報告書によると、一世帯当たりの待機時消費電力量は、家庭の消費電力量の5.1％を占めると示されています。こういった待機電力の削減は、個人の意識に頼るしかありません。

また、個々の製品においても省エネルギー化技術の開発は進められています。その例をいくつか紹介します。

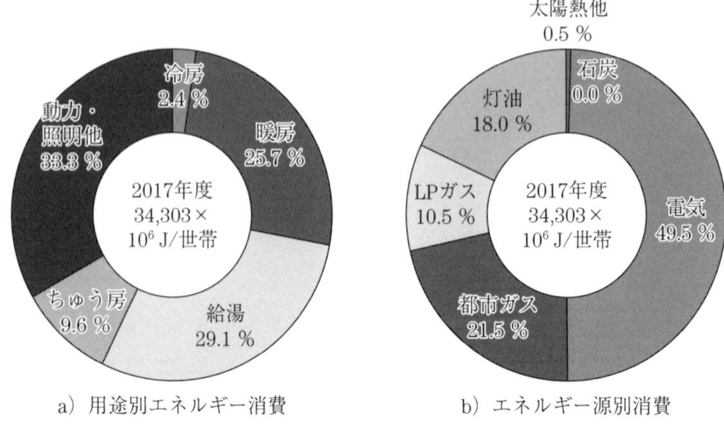

図表 6.2.6　家庭部門のエネルギー消費

出典）エネルギー白書 2019

(a)　ヒートポンプ

ヒートポンプは、熱機関サイクルの逆サイクルを利用したもので、低温側を熱源として、そこから熱を汲み上げて高温環境を生成する機器です。技術的には、次の３つの方法が用いられます。

①　蒸気圧縮式

機械的力学エネルギーを利用する。

②　吸収式

水溶液の物理化学的な希釈・濃縮反応と熱エネルギーを利用する。

③　ケミカル式

化学的可逆反応と熱エネルギーを利用する。

最近の家庭用エアコンにはヒートポンプ式が増えており、省エネルギー化が図られています。ヒートポンプの性能を表す指標として、**成績係数**（COP）が使われます。

$$\text{ヒートポンプの成績係数（COP）} = \frac{\text{有効加熱熱量}}{\text{外部からの電気入力}}$$

成績係数は上記の式で表されますが、成績係数は１より大きいので、外部からの電気入力は少なくてすむようになっています。

ただし、ヒートポンプの場合には、炎で燃焼させて瞬間的に高温の熱を発生させる装置と違い、穏やかに熱を発生させる装置になります。そのため、沸かしたお湯をためておく貯湯ユニットを併用して用いるのが一般的です。その場合には、実際には熱交換器や貯湯している時の損失が発生しますので、COPだけでヒートポンプの効果を判断するのは過大な評価となってしまいます。そのため、総合的な効率で判断する指標が必要になります。それが **APF**（年間給湯効率：Annual Performance Factor of hot water supply）で、次の式で表されます。

$$\text{年間給湯効率（APF）} = \frac{\text{一年間で使用する給湯に係る熱量［kWh］}}{\text{一年間で必要な消費電力［kWh］}}$$

最近の大手某社のヒートポンプ給湯器を例にすると、成績係数（COP）が4.9のヒートポンプを用いた場合で、年間給湯効率（APF）が3.1程度となっていますので、貯湯装置としての効率は63％程度になります。

(b)　インバータ

一般に電気は交流で供給されています。その交流電力を、一度整流器を用いて直流に変換して、再び**インバータ**を用いて交流に変換し直すことができます。その際に周波数を通常の50/60 Hz以外の周波数に変換して、モータなどの動力機械を可変速制御する技術があります。これにより、エネルギーの高効率化が図れ、省エネルギーが実現できます。最近では、多くの機器にインバータが用いられていますので、インバータの省エネルギー化は効果が大きくなっています。

3. 技術と社会

技術と社会では、過去の技術進歩やそれに対する工学教育がどのように推移してきたなども含めて、技術史の問題が出題されています。また、その他にも技術がもたらす社会への影響を考慮した考え方や知的財産権も出題されていますので、それらを整理してみます。

（1） 技術の進歩

初期の技術・工学の世界は、さまざまな自然界の法則を利用したものや、自然界に存在する物の物理的・化学的特性をそのまま利用したものでした。最初は、ただそれを利用しようという発想のみが、工学的であったといえるでしょう。次のステップとしては、自然界の物に工夫を加えて加工し、より使いやすいものにするという発想が加わりました。そこで重要になったのが、発想とそれを実現するための手段でした。しかし、このレベルにおける発想の多くが、自然界に存在する物や事象を手本とするものでした。そこで必要な工学レベルは、発想法と職人の技であったと言い換えることができます。1つの発想は、別の発想の源となって、さらに技術は進んでいきます。具体的には、ジェームズ・ワットが、トーマス・ニューコメンの蒸気エンジンを改良して蒸気機関を発明したように、既存の技術をもとにして改良を積み重ねることで技術の高度化や利用拡大が進んでいきました。産業革命の時代になって、機械化という人間の作業を機械で置き換える発想が現実のものとなり、工業社会化が進展していきます。その際には、加工技術の開発へと移っていき、機械化が進化していった結果、手工業的な作業場は機械で重装備された大工場に置き換えられていきました。その結果、生産効率が高まりましたが、反面で安い労働力を求める産業資本が成長し、長時間労働や児童労働などが社会問題化しました

新技術のアイデアには、からくり人形や自動人形などの娯楽製品から転用したものも多くあります。また、インターネットなどのように軍用の技術として

開発されたものが、広く民生用として使用されるようになったものも多くあります。最近では、ビッグデータを活用したビジネスも広がってきていますし、人工知能（AI）を活用した分析や開発も進められていますので、そういった技術を使った新たな製品やビジネスの創出も拡大していくと考えられています。このレベルに達すると、技術や工学における発想が、いわゆる技術分野だけに限った話ではなくなり、技術や工学においても大きく社会制度や環境、法的な制約、人間の生活習慣、ひいては倫理観の世界までを含めた発想が必要となってきています。

（2）　工学の歴史

技術進歩の歴史の中で、工学が正規の学問として成立するのは19世紀に入ってからのことです。その点では、工学という分野の確立は比較的最近です。最初に工学的な教育が行われたのは土木技術の分野であり、具体的には、治水、道路、橋梁、上下水道などの分野において工学的な教育が進められました。ヨーロッパにおいては、工学的な教育の中心は徒弟制度によるものであり、高等教育機関における教育が実施されるようになるのはずいぶん遅い時期になります。また、イギリスで産業革命が起こり、機械的な分野での教育が必要となりましたが、この場合においても教育の中心は実務によるオンザジョブトレーニング（OJT）でした。そういう点では、ユーロッパにおける高等教育制度の設立は、そう早くはありませんでした。

一方、アメリカでは比較的早く技術分野の専門教育が始められています。その中心は農工学校でした。開拓のために必要な農業分野とそれに関する工業の分野での教育が始められました。

日本では、明治維新後に各国の技術レベルに追いつこうとして、積極的に教育機関を設置しました。最初のものが明治6年に設立された工部学校です。日本は鎖国によって産業活動自体が遅れていたため、それを補おうと体系的な教育を目指して工学部が設立されています。その工部学校が発展して帝国大学となっていきます。帝国大学のような総合大学の中に工学部が設置されたのは、世界でも日本が最初とされています。

その後、世界的に工学系の学部が大学に設置され、工学教育が本格的に行われるようになりました。大学の学部は、世の中が求める技術分野に細分化されて、最新分野での工学教育が進められるようになりました。それは専門分化をさらに推進していき、特定分野の専門技術や知識が中心の教育が行われてきました。そうした傾向が長く続いた結果、最近の技術分野においては、各専門分野の狭間にあった環境などの面で問題が生じるようになってきています。各専門分野の狭間にある問題は、単純に工学や技術にとどまった学問や制度だけでは解決できないものであることに気がついてきたわけです。この課題を的確に表した言葉を、民芸研究家である柳宗悦が昭和初期に残しています。

「人間は不思議な変遷を繰り返します。綜合から分離に進み、又再綜合に帰るという運命の道を歩きます。」

このように、最近では技術・工学にとどまらない再統合の道を歩んでいると考えるべきでしょう。その点で、従来の工学部にとどまらない発想が必要になってきています。

（3） 工学のトピックス

これまで、工学分野の進歩において注目すべき事項が多くありました。そういった中から、いくつかの事項を年代順に示すと**図表 6.3.1** のようなものが挙げられます。

図表 6.3.1　工学分野のトピックス

西暦	内容	国	人名・企業名
1608 年	望遠鏡の発明	オランダ	ハンス・リパシュー
1609 年	ガリレオ式望遠鏡での天体観測	イタリア	ガリレオ・ガリレイ
1644 年	気圧計の発明	イタリア	トリチェリ
1656 年	振り子時計の発明	オランダ	ホイヘンス
1712 年	大気圧機関の発明	イギリス	トーマス・ニューコメン
1745 年	ライデン瓶による蓄電	ドイツ	フォン・クライスト

1752年	雷の電気的性質の証明	アメリカ	ベンジャミン・フランクリン
1753年	避雷針の発明	アメリカ	ベンジャミン・フランクリン
1769年	水力紡織機の開発	イギリス	アークライト
	ワット式蒸気機関の発明	イギリス	ジェームズ・ワット
1783年	気球の発明	フランス	モンゴルフィエ兄弟
1785年	蒸気式力織機の開発	イギリス	カートライト
1800年	ボルタ電池の発明	イタリア	ボルタ
1822年	差動機械の原理(計算機の考案)	イギリス	バベッジ
1823年	電磁石の発明	イギリス	スタージョン
1825年	蒸気鉄道実用化	イギリス	ジョージ・スティーブンソン
1827年	カメラ撮影	フランス	ニエプス
1831年	電動機の発明	アメリカ	ジョセフ・ヘンリー
1832年	発電機の発明	フランス	ヒポライト・ピクシー
1846年	顕微鏡の商品化	ドイツ	カール・ツァイス社
1859年	自然選択（淘汰）説	イギリス	ダーウィン／ウォーレス
1866年	ダイナマイトの発明	スウェーデン	アルフレッド・ノーベル
1869年	元素の周期律の発表	ロシア	メンデレーエフ
1876年	電話通話	アメリカ	グラハム・ベル
1879年	白熱電球開発	アメリカ	エジソン
1884年	レーヨンの発明	フランス	ルイ・シャルドンネ
	写真用フィルム乾板	アメリカ	イーストマン
1885年	ガソリン自動車の開発	ドイツ	カール・ベンツ
1888年	電磁波の存在の実験的な確認	ドイツ	ハインリッヒ・R・ヘルツ
	空気入りタイヤの開発	スコットランド	ダンロップ
1895年	モールス信号受信	フランス	マルコーニ
	蒸気タービンの開発	イギリス	パーソンズ
	X線写真の撮影	ドイツ	レントゲン
1896年	ウランからの放射線発見	フランス	アントワーヌ・ベクレル
1897年	放射線検出のために霧箱作成	イギリス	チャールズ・ウィルソン

1898年	放射性元素ラジウムの発見	フランス・ポーランド	キュリー夫妻
	テープレコーダの発明	デンマーク	ポウルセン
1901年	無線通信の成功	イタリア	マルコーニ
1903年	動力飛行の成功	アメリカ	ライト兄弟
1904年	真空管の実用化	イギリス	フレミング
1906年	三極真空管の発明	アメリカ	ド・フォレスト
1907年	プラスチックの発明	アメリカ	ベークランド
1913年	アンモニア合成の工業	ドイツ	フリッツ・ハーバー／カール・ボッシュ
1916年	一般相対性理論	ドイツ	アインシュタイン
1928年	ペニシリンの発見	イギリス	アレクサンダー・フレミング
1932年	電波望遠鏡の発明	アメリカ	ジャンスキー
	荷電粒子を加速するサイクロトロンの発明	アメリカ	アーネスト・ローレンス
1934年	ポリエチレンの発明	イギリス	ICI社
1935年	ナイロンの発明	アメリカ	カロザーズ
	レーダーの実用化	イギリス	ワトソン・ワット
1937年	チューリング機械（アルゴリズム）の概念	イギリス	チューリング
1938年	原子核分裂の発見	ドイツ	オットー・ハーン
1942年	原子核分裂の連鎖反応	アメリカ	フェルミ
1948年	トランジスタの開発	アメリカ	ベル研究所
1952年	フロンティア軌道（電子）理論	日本	福井謙一
1957年	人工衛星打上	旧ソ連	

この年表は、詳細に暗記するというよりは、技術の世界がどういった流れで進歩してきたのかを、俯瞰的につかむという認識で勉強してもらえばよいと思います。実際の問題では、選択肢を年代順に並べた正答を探す形式ですので、大まかに年代を把握しておき、明らかに違う並びを排除する形式で正しい順番のものを探すと方法で対応してください。

(4)　技術者の責任

専門家は、一般の人の知らない知識を持っており、その知識をもとに人間や社会に貢献する立場の人です。技術者は、一般の人よりも深い専門知識を持って物事を考え、その判断で技術や製品を生み出しています。そのため、技術者には生み出した技術や製品に関しての責任が課せられるのは当然です。

(a)　専門職業人（プロフェッショナル）とは

技術者は、その専門技術をもって社会に貢献する職業です。しかし、単に技術者であるからといって、プロフェッショナルであるかどうかは別物です。技術業務に従事する人の中には、大きく分けて、技術者と技能者があります。技能者とは、1つまたは複数の技能に長けた人で、時間をかけた作業の繰り返しによって自分の技能レベルを高めていった人をいいます。それに対して、技術者は科学技術に関する専門的応用能力を必要とする事項についての技術レベルを高めていった人をいいます。もちろん、技術者には応用能力を求められるとはいっても、新人の時には、専門知識を身につけていく基礎教育が行われますので、その際には繰り返しの訓練が必要です。そこまでは技能者と同じ部分が多くあります。しかし、その繰り返し教育は技術者として成長するまでの過程で必要なプロセスではありますが、目的ではありません。いわゆる、慣れによる技術習熟が目的となる技能者と、応用能力を身に付けるために知識と経験を積み上げていく技術者の教育方法は基本的に違うものです。これは、最近の職場で使われている職能名の違いではなく、本質的な違いを説明しているので間違えないでください。いわゆる、職名として職人と呼ばれている人の中でも、技能者と技術者が存在します。また、一般に企業内で技術者として見られている人の中にも、過去の業務で成功した業務手法を真似るだけで仕事をしている人も存在します。そういった人は本質的には技術者と呼べない人なのです。技術者には応用能力を発揮することが求められていますので、一定の修養期間を超えた技術者は、常に担当する技術の本質をとらえ、その業務に最善の手法を見つけ出すべく、応用能力を発揮することが求められます。

そういった応用能力を発揮している技術者の中から、プロフェッショナルと呼ばれる人が育ってくるのですが、プロフェッショナルとなるとさらに厳しい心構えが求められます。プロフェッション（Profession）という用語は、公言する（Profess）という言葉から作られたとされています。公言する内容としては、高いモラルを持った生き方をするという観点についてです。それが日本語では専門職と呼ばれると考えなければなりません。専門職には技術者が含まれますので、技術者も高いモラルに忠実でなければならないということです。ですから、公衆は技術にたずさわる人にプロフェッショナルとしての行動を求めているということになります。

ただし、技術者の場合には、独立して業務を行う例が多い医師や弁護士などと比べると、個人で行動する裁量や判断の幅が狭いのが特徴となります。その理由は、実社会においては、雇用者の下で業務を実施する技術者が多いために、雇用者や上司の指示に倫理的に問題があると判断した際にも、自分がとるべき行動の判断に迷ったり、命令を拒否できない場面に出くわしたりする可能性は高くなります。そういった部分で、裁量や判断の範囲が狭くなってしまいます。このため、専門職業の違いによって倫理には違いが生じます。また、社会や法律の変化とともに技術者に求められる行動規範も変化してきますので、常に社会とのかかわりを意識しながら技術者は行動する必要があります。さらに倫理規範にはあいまいな点が多くあるため、倫理的な行動を推進するには、あいまいさを許容し自らの責任を意識して行動する姿勢が望まれます。

(b)　責任の範囲

技術者が生み出した技術や製品の責任については、それが製品であれば製品寿命の範囲で責任がありました。しかし、最近では責任の範囲は広がっています。特に環境面を考えれば、製品を廃棄するためのルートを整備して、製品をリサイクルしたり、リユースしやすくしたりすることまでも求められています。また、廃棄物の量を削減（リデュース）する設計を行う必要もあります。かつては、消費者の嗜好にあったヒット商品を開発し、世の中に出すのが技術者に与えられた大きな命題でしたが、現在ではそれだけではなくなっています。新技術についても、それがもたらす影響の大きさが拡大しているため、本質的な開発部分以上に、新技術がもたらす影響についての考察や予見が必要となります。結果によっては、莫大な費用をかけて開発した技術が、本質的な部分の欠陥ではなく、それがもたらす影響の大きさによって、実施が見送られる可能性もあります。実施の見送りは決して開発者を満足させないのですが、だからといって名誉欲で強行してしまうと、将来に大きな禍根を残す結果になります。結果的には、技術者には従来以上に大きな影響をもたらす力を与えられていると考えるのが適切でしょう。

技術に対する技術者の責任は無限になったと考えるべきです。ですから、技術者には倫理観や自分を客観的にみつめる姿勢が強く望まれるようになっています。一時の名誉欲や経済的な利益だけから誤った判断をしないような、知的、精神的な教育が求められています。このことを、すべての技術者が自覚しなければなりません。これからの技術者には、下記の3項目を常に頭に入れて、対応することが望まれています。

① 最新の社会環境に対応したフレキシビリティがある業務対応が行える

② 業務途中の意思決定に対する透明性が図れるようにしておく

③ 最終結論に対する**説明責任（アカウンタビリティ）**がとれる

(c) 科学技術コミュニケーション

最近では、国民が科学技術を身近に感じるとともに、関心を抱く社会を作り上げていくことの重要性が文部科学白書でも示されるようになっています。研究者や技術者と社会との間に、双方向のコミュニケーションが促進されることによって、国民が科学に触れて、それを理解していく手法が求められているのです。具体的には、科学技術にかかわる施設の一般公開や、科学者や技術者と国民が触れ合えるサイエンスカフェなどの試みが行われるようになってきています。それによって、科学者や技術者が国民の考え方を知るとともに、国民も科学技術の有効性を理解できるようになります。また、そのなかには**リスクコミュニケーション**も含まれており、科学技術に関するリスク内容の正しい理解を促進することが期待されています。食品添加物や健康食品の安全性や、製品や施設の利用に伴って発生する可能性のあるリスクを、過大または過少に評価する結果にならないように、適切に情報開示し、説明責任を果たす必要があります。

(d)　最先端技術のリスク

リスクの想定が最も難しく、しかも、必要性が最も高くなっているのは、最先端技術分野です。最先端技術分野として最近で注目を浴びているのが、バイオ関連分野でしょう。その中でも遺伝子組み換えやクローン動物などの研究分野では、従来経験しなかったようなリスクを含んでいるために、非常に難解な判断が求められるようになってきています。遺伝子組み換えなどの分野では、リスク確率もその事象が引き起こす損害額も予想できないのがその理由です。さらにこの分野においては、根本的に研究そのものを継続すべきかどうかという判断までも求められており、そのような事象が増えています。この分野では、技術者間の判断だけではなく、一般市民の判断も大きな影響を及ぼします。技術者だけでなく、一般の市民が的確な判断を行えるようにするには情報公開が欠かせません。一方、先端技術分野については技術がもたらす利権を追求し、特許などの権利を握ろうという経営的な判断もありますので、それほど情報公開が前倒しに行われるわけではありません。

技術分野においては、ビジネスの面と技術者の新規分野開発欲に対しても、社会が目指すべき適切な将来の方向性を考慮して、情報と経験が少ない中で的確な判断をすることが求められています。そういった意味で、現在は技術者倫理に対して大きな注目が集まっています。特に先端分野は国際競争も激しい分野です。技術戦争ともいわれるような競争もあります。また、国際的には宗教や生活慣習までもが技術開発の方向性を決定しかねません。最先端技術と国際協調は欠かせないのですが、宗教や生活習慣の相違は根が深い問題ですので、なかなかはっきりとした方向性は決められない場合が少なくありません。このような状況でも、最先端技術分野の研究開発はすさまじい勢いで進んでおり、今のところ、技術者の倫理観に頼るしか方法がないのが実情です。こうした社会的な背景から、最先端技術分野と倫理は直結したテーマとなっています。

（５）知的財産権

技術者にとって、**知的財産権**は非常に重要な要素となっています。また、現在の技術を考える上でも将来の技術動向を決める上でも大きな影響を及ぼすものといえます。さらに、知的財産権については、その影響が国内だけにとどまらず国際的な広がりを持つことから、国際法としての視点で考える必要があります。知的財産に関しては、**知的財産基本法**が定められており、第１条の目的では、次の内容が示されています。

> この法律は、内外の社会経済情勢の変化に伴い、我が国産業の国際競争力の強化を図ることの必要性が増大している状況にかんがみ、新たな知的財産の創造及びその効果的な活用による付加価値の創出を基軸とする活力ある経済社会を実現するため、知的財産の創造、保護及び活用に関し、基本理念及びその実現を図るために基本となる事項を定め、国、地方公共団体、大学等及び事業者の責務を明らかにし、並びに知的財産の創造、保護及び活用に関する推進計画の作成について定めるとともに、知的財産戦略本部を設置することにより、知的財産の創造、保護及び活用に関する施策を集中的かつ計画的に推進することを目的とする。

また、第２条第１項に知的財産が定義されており、『「知的財産」とは、発明、考案、植物の新品種、意匠、著作物その他の人間の創造的活動により生み出されるもの（発見又は解明がされた自然の法則又は現象であって、産業上の利用可能性があるものを含む。）、商標、商号その他事業活動に用いられる商品又は役務を表示するもの及び営業秘密その他の事業活動に有用な技術上又は営業上の情報をいう。』と示されています。

具体的に知的財産権に関する法律として、**図表 6.3.2** のようなものがあります。

なお、特許法第２条第１項において、発明とは、「自然法則を利用した技術的思想の創作のうち高度のものをいう。」と定義されています。

図表 6.3.2　知的財産権

法律	存続期間	目的
特許法	出願の日から20 年	発明の保護および利用を図ることによって、発明を奨励し、産業の発展に寄与すること
実用新案法	出願の日から10 年	物品の形状、構造、組み合わせに係る考案の保護や利用を図ることによって、その考案を奨励し、産業の発展に寄与すること
意匠法	設定登録の日から 20 年	意匠の保護や利用を図ることによって、意匠の創作を奨励し、産業の発展に寄与すること
半導体集積回路の回路配置に関する法律	設定登録の日から 10 年	半導体集積回路の回路配置の適正な利用を確保することによって、半導体集積回路の開発を促進し、国民経済の健全な発展に寄与すること
商標法	設定登録の日から 10 年	商標を保護することによって、商標を使用する者の業務上の信用の維持を図り、産業の発展に寄与し、需要者の利益を保護すること
著作権法	創作の時に始まり、著作者の死後 70 年を経過するまで	著作物、実演、レコード、放送、有線放送に関し著作者の権利と、これに隣接する権利を定め、これらの文化的所産の公正な利用に留意しつつ、著作者等の権利の保護を図り、文化の発展に寄与すること

おわりに

本著の原型は、某通信教育会社の技術士試験受験講座のために、平成13年度の通信教育用テキストとして作成されたものです。その後、出題された内容を反映して、著者は通信教育用テキストを毎年改訂してきました。その通信教育講座も平成22年度試験を最後にコースが廃止となりましたので、その会社の許可を得て、平成23年に一般書籍として出版し、以後は定期的に改訂版を出版しております。そのため、著者には、基礎科目創設以来、出題された問題すべてを解答した実績があります。そういった経験から、出題されている問題を見ると、最近の出題内容は、平成10年代に出題されていた内容とは大きく変わったと感じます。本テキストでは、ここ5年間では出題されていない内容を説明している部分がありますが、それは6年以上前に出題された内容だからです。もちろん、出題された内容でも、あまり感心しない内容を出題したときもありました。それらの内容は削除してあります。ここに整理されている内容は、過去に出題されていて、基礎科目としては適切な内容のみを残していると考えてください。技術士第一次試験では、過去に出題されている問題でも、良い問題と考えるものは、再度出題するという方針があります。ですから、7年前に出題された内容が突然出題されるということがあります。そういった背景から、過去5〜6年程度の過去問題をまとめた書籍とは内容が違った部分がありますが、それは的外れな内容ではなく、確かに過去に一度は出題された内容を理解しやすい文章で掲載していると考えてください。

また、他の書物の多くが複数の著者による共同執筆形式をとっていますが、そうすると、内容の重複や齟齬が生じてしまう点が避けられません。一方、本著は一人の著者が18年もの期間、基礎科目の受験者とともにすべての年度の問題を勉強し、そこから吸収した知識を活用してすべての問題群の内容を書き上げているため、そういった点が解消されています。さらに、読者の方々からのご意見を取り入れて、より理解しやすい形に毎年文章を修正してきたという実績も重要な点として挙げられます。

技術士試験は、試験委員の交代を機に、数年おきに出題傾向や内容が変化する試験です。特に基礎科目は、創設時に出題されていた内容の半分以上が出題されなくなっており、新たな内容がそれらに替わって出題されるようになっています。そういった変遷を知り尽くしている著者が執筆した本著は、必ず読者の皆さんの大きな力になると考えます。基本的に、技術士第一次試験は技術士第二次試験の受験資格としての位置づけにありますので、できるだけ早期に技術士第一次試験に合格して、技術士第二次試験に挑戦してもらいたいと思います。そのために本著を活用していただき、技術士第一次試験の中で最大の関門である基礎科目を攻略してもらえればと考えます。技術士を目指す受験者にとって、技術士第二次試験はさらに大きな関門となりますので、継続して勉強を続けられるよう、著者は技術士第二次試験対策としていくつかの書籍を出版しております。それらの一部は著者略歴の欄に紹介しておりますのでご参照ください。

そういった、著者の長年の技術士試験教育実績を活用して、多くの読者の皆さんが技術士第一次試験を突破され、早期に技術士第二次試験も突破されることを期待しております。最後に、公益社団法人日本技術士会では多くの交流会やセミナーが開催されておりますので、どこかの機会で合格された皆さんにお会いできることを楽しみにしております。

2020年2月

福田　遵

〈著者紹介〉
福田　遵（ふくだ　じゅん）

技術士（総合技術監理部門、電気電子部門）
1979年3月東京工業大学工学部電気・電子工学科卒業
同年4月千代田化工建設㈱入社
2002年10月アマノ㈱入社
2013年4月アマノメンテナンスエンジニアリング㈱副社長
㈳日本技術士会青年技術士懇談会代表幹事、企業内技術士委員会委員、神奈川県技術士会修習委員会委員などを歴任
日本技術士会、電気学会、電気設備学会会員
資格：技術士（総合技術監理部門、電気電子部門）、エネルギー管理士、監理技術者（電気、電気通信）、宅地建物取引士、ファシリティマネジャーなど
著書：『技術士第一次試験「基礎科目」厳選問題150選』、『技術士第一次試験「電気電子部門」択一式問題200選　第5版』、『技術士（第一次・第二次）試験「電気電子部門」受験必修テキスト　第4版』、『技術士第一次試験「適性科目」標準テキスト』、『例題練習で身につく技術士第二次試験論文の書き方　第5版』、『技術士第二次試験「口頭試験」受験必修ガイド　第5版』、『技術士第二次試験「電気電子部門」過去問題〈論文試験たっぷり100問〉の要点と万全対策』、『技術士第二次試験「建設部門」過去問題〈論文試験たっぷり100問〉の要点と万全対策』、『技術士第二次試験「機械部門」過去問題〈論文試験たっぷり100問〉の要点と万全対策』（日刊工業新聞社）等

技術士第一次試験
「基礎科目」標準テキスト 第4版　　NDC 507.3

2011年2月17日　初　版1刷発行
2013年2月12日　第2版1刷発行
2015年4月10日　第2版2刷発行
2016年3月16日　第3版1刷発行
2018年9月28日　第3版2刷発行
2020年3月16日　第4版1刷発行

（定価は，カバーに表示してあります）

©著　者　福田　遵
発行者　井水治博
発行所　日刊工業新聞社
東京都中央区日本橋小網町14-1
（郵便番号 103-8548）
電話　書籍編集部　03-5644-7490
販売･管理部　03-5644-7410
FAX　03-5644-7400
振替口座　00190-2-186076
URL　https://pub.nikkan.co.jp/
e-mail　info@media.nikkan.co.jp

印刷・製本　美研プリンティング

落丁・乱丁本はお取り替えいたします。　2020 Printed in Japan

ISBN 978-4-526-08044-9